青少年 应急自救 知识

掌握应急自救知识，提高自我保护

U0575886

重点推荐

海啸防范与自救

了解应急自救知识，
提高自我保护意识，增强自我保护能力
运用知识、技巧，沉着冷静地化解危机

苏 易◎编著

河北出版传媒集团
河北科学技术出版社

图书在版编目（CIP）数据

海啸防范与自救／苏易编著. --石家庄：河北科学技术出版社，2013.5（2021.2重印）

ISBN 978-7-5375-5887-7

Ⅰ.①海… Ⅱ.①苏… Ⅲ.①海啸–灾害防治–青年读物②海啸–灾害防治–少年读物③海啸–自救互救–青年读物④海啸–自救互救–少年读物 Ⅳ.①P731.25-49

中国版本图书馆 CIP 数据核字（2013）第 095492 号

海啸防范与自救

haixiao fangfan yu zijiu

苏易　编著

出版发行	河北出版传媒集团	
	河北科学技术出版社	
地　　址	石家庄市友谊北大街 330 号（邮编：050061）	
印　　刷	北京一鑫印务有限责任公司	
经　　销	新华书店	
开　　本	710×1000　1/16	
印　　张	13	
字　　数	160 千字	
版　　次	2013 年 6 月第 1 版	
	2021 年 2 月第 3 次印刷	
定　　价	32.00 元	

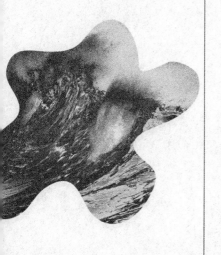

前言

当我们提起"海啸"这个话题，大家肯定不会陌生。2004年印尼海啸事件虽然距今已经过去了8年多的时间，可是每当提起这场灾难，大家肯定还是记忆犹新。因此，我们了解海啸，并学习一些关于海啸预防和自救的内容，就非常必要了。

谈起海啸的"可怕"，我们往往能够联想到一些电影，如《后天》《2012》《水啸雾都》……当海啸来临之时，那种场景真的非常类似古代神话当中海神发怒掀起惊涛骇浪的样子。而一般人在提起海啸时，第一个想到的内容往往就是地震，地震是导致海啸出现的一种原因，可是只要有地震，就可能导致海啸吗？大家可能对这些并不清楚了。事实上，海啸发生的原因包括很多，可是这些因素却又不足以直接导致海啸出现，海啸原因的复杂性，也给了我们一些启示：分析事物的成因，还是要注意全面。

海啸的危害如此之大，而且自从 20 世纪以来，海啸灾害呈现出逐渐高发的态势。为什么会这样？这肯定也不仅有自然本身的因素。对我们来说，人类的活动促进了文明的进步，可是同时给环境带来的破坏也是显而易见的。聊到海啸的预防，我们就不能不忽视自然因素的影响了，做好了自然保护，在处理海啸的问题上才能更加容易。

前言

我们国家遭遇海啸袭击的事件并不多，可是这并不代表我们要放松警惕。相反地，正是因为海啸事件较少，处理和预防灾难的经验就少，一旦面对这种突发事件就无所适从。在预防上面要如何去做，灾难来临时如何自救，都是本书当中要讲述的内容。下面，就让青少年朋友伴随着本书，学习和了解海啸的知识吧。

第一章　认识海啸

第二章　地震与海啸

海啸防范与自救

Contents

第三章　如何预防海啸

Contents

第六章　不可忘却的海啸灾难

第一章

认识海啸

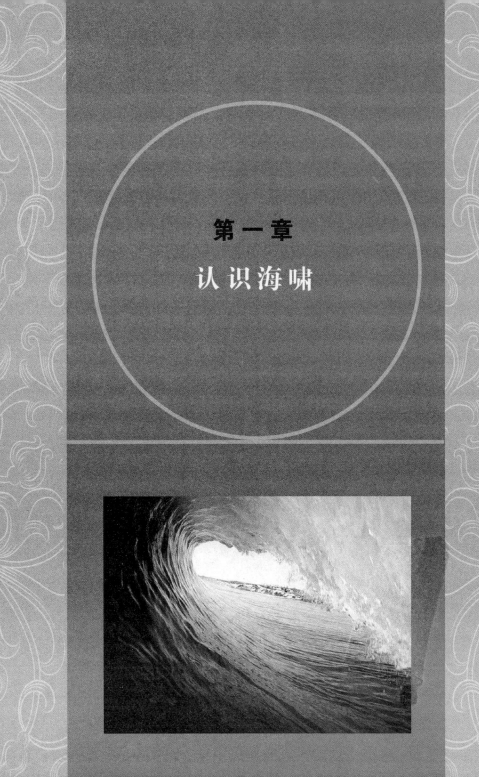

海啸概述

地球是一个水的星球，水占地球总面积的71%，这71%的水来自于海洋，富饶的海洋是生命起源的摇篮，也是人类生存环境的重要组成部分。正是有了海洋才有了蓝色的地球，才有了人类绿色的家园和生命的环境。

自古以来，湛蓝色的海洋就为人类储备和提供了丰富的资源，被誉为"蓝色的宝库"。海洋矿产资源、海洋生物资源以及海上航运交通都对人类的生存发展以及世界文明的进步产生了重大的影响。

一直以来，人类对海洋的开发利用就非常投入，随着科学技术的不断发展以及陆地资源的不断匮乏，开发利用海洋资源逐渐成为今后世界新的热点。近年来，人类对海洋的认识程度快速提高，开发利用海洋资源取得的成就也是以往任何时期都  无法比拟的。海洋丰富的资源以及巨大的经济效益引起了人类越来越多的关注。实践证明，海洋是人类生活和生产不可缺少的领域，是人类社会持

续发展的希望。

任何事物都存在对立的一面，海洋也一样。在给人类带来好处的同时，海洋也给人类带来了巨大的灾难。海洋的狂风巨浪，转眼间就会摧毁城镇和村庄，吞噬无数生灵。台风、地震引起海啸掀起的海上大浪能摧毁坚固的海上工程和过往的无数船只，淹没万顷良田，让人们无家可归；海洋环境的改变，引起海水质量下降，海洋资源衰退，海洋生物减少甚至灭绝；海洋污染影响海洋生物的多样性，大量的污染物进入海洋，造成了海洋贝类、蟹等海洋生物的死亡；赤潮产生的贝毒危及人类健康。

人们永远忘不了2004年12月26日这一天，印度洋大海啸给东南亚诸国造成巨大经济损失和人员伤亡，遇难及失踪人员超过29万人，财产损失不计其数。这次海啸虽然不是历史上规模最大的海啸，但它是有史以来有记录的造成最惨重损失的地震海啸。

印度洋海啸之所以造成如此严重的后果，是多方面原因造成的。其中一个重要原因是没有预警设施及缺少信息传输。另外一个重要原因是人们对海啸缺乏防范意识。那应该如何提高民众的防范意识呢？

把海啸的基本知识告诉民众，让民众了解海啸产生的原因、海啸的特征及传播过程，告诉民众海啸来临前的防御方法及海啸发生时如何自救。这样，即使灾难发生，也会把损失降到最低。

什么是海啸

海啸的名称最早来自日
文，因为日本是一个海啸频
发的国家。它指的是一种具
有强大破坏力、灾难性的海
浪。海啸爆发时常常伴随着
巨大的声响，因此在汉语名
称中有一个"啸"字。海啸
被称为是地球上拥有最强大的自然力的自然性灾难，2004年的印度洋大海
啸就曾经造成超过29万人遇难和失踪。

广义上的海啸可分为4种类型：由气象变化引起的风暴潮、火山爆发
引起的火山海啸、海底滑坡引起的滑坡海啸和海底地震引起的地震海啸。
狭义上的海啸不包括风暴潮。

引发海啸的因素是多方面的，海底地震是最常见的原因，通常情况下，
海底50千米以下出现垂直断层，里氏震级大于6.5级的条件下，最易引发
破坏性海啸。另外一些原因还有海底火山爆发、水下塌陷和滑坡等大地活
动和陨石撞击等特殊原因。
除了自然海啸之外，还有人
工海啸，主要是海底进行核
爆炸引起的。人工海啸现在
已经逐渐发展成为研究海啸
的一种有效手段。

就像卵石掉进浅池里产

生波浪一样，海洋在经历一次震动过后，形成的震荡波在海面上以不断扩大的圆圈，传播到很远的地方。这种震荡波通常是高达数米的海浪。海啸波长比海洋的最大深度都大，轨道运动在海底附近也不会受到很大的阻滞，无论海洋深度如何，波一样可以传播过去。海啸的传播速度与它移行的水深成正比，传播速度一般为每小时 500 千米到 1000 多千米。海啸不会在深海大洋上造成灾害，正在航行的船只甚至很难察觉这种波动。由于深海大洋处的海水比较深，波浪起伏不大，海上起伏不大的波浪非常常见，因此容易被忽略。也因为这个原因，在海啸发生时，越在外海（离海岸越远）反而越安全。一旦海啸的波浪到达岸边的浅水区时，由于深度急剧变浅，波高骤增，形成高达十几米甚至数十米的"水墙"。"水墙"能量极大，如巨大的洪水在陆地上驰骋，越过田野，迅猛地袭击着岸边的村庄和城市。在这种巨大的力量之下，人类就显得微不足道了，往往瞬间就被巨浪吞噬。同时，岸边的建筑物、港口的设施，也在狂涛的洗劫下，被席卷一空。在海啸之后，海滩上往往一片狼藉，到处是人畜尸体和残木破板，惨不忍睹。海啸给人类带来的灾难是非常巨大的。目前，人类对海啸、地震、火山等突如其来的灾变，只能通过观察、预测来预防，减少它们所造成的损失，但不能控制它们的发生。

海啸的巨大危害

在海洋中，受低气压和台风的影响，海面会掀起高达几米的巨浪。这种风浪非常常见，其浪幅有限，由数米到数百米不等，因此冲击岸边的海水量也有限。而海啸就不一样了，海啸在遥远的海面虽然只有数厘米至数米高，但是，由于海面隆起的范围比较大，海啸的宽幅有时可达数百千米，巨大的"水块"会产生极大的破坏力，严重威胁岸上的建筑物，甚至吞噬岸上的生命。调查结果表明，如果海啸高度在 2 米左右，木制房屋会在瞬间遭到破坏；如果海啸高度达到 20 米以上，水泥钢筋建筑物也招架不住。

海啸的一个重要特征就是传播速度非常快，地震发生的地方海水越深，海啸的速度就越快。这是因为，海水越深，因海底变动涌动的水量就越多，因而形成海啸之后，在海面上移动的速度就越快。举个例子，如果

发生地震的地方，水深为 5000 米，海啸的速度每小时可达 800 千米。当移动到水深为 10 米的地方时，海啸的速度降为每小时 40 千米。由于前面的波浪减速，后面的波浪推过来发生重叠，因此，到岸边时，海啸的波浪升高。如果沿岸海底地形呈 "V" 字形，那么海啸掀起的海浪更高。

海啸在遥远的海面移动时，人们很难察觉到，当它以迅猛的速度接近陆地、达到岸边时，会突然形成巨大的水墙。这时候虽然发现了它，但是要想逃跑已经太晚了。因此，一旦有地震发生，要马上离开海岸，到高处安全的地方去。

海啸与风产生的波浪的不同之处

海啸与大风产生的浪或潮是有很大差异的，到底有哪些差异，我们来具体看一下。微风吹过海洋，泛起的波浪相对较短，相应产生的水流仅限于浅层水体。在辽阔的海洋，猛烈的大风能够在辽阔的海洋卷起高度 3 米

以上的海浪，但也不能撼动深处的水。每天会出现两次的潮汐，其产生的海流虽然也能够跟海啸一样能深入海洋底部，但其形成原因是太阳或月亮的引力，具有规律性，而且一般不形成或只具有较小的危害，人们甚至还能利用规律性潮汐的能量进行发电。而海啸并不是引力引发的，它在深海中引起海流变化，在深海的以非常快的速度传播，能够超过700千米/小时，可轻松与波音747飞机保持同步。在深水中，海啸并不危险，在开阔的海洋中，海洋的深度和宽广能容纳大量的海水，所以低于几米的一次单个波浪其长度可超过750千米，这种作用产生的海表倾斜如此之细微，以致这种波浪通常在深水中不经意间就过去了。通常情况下，海啸是静悄悄地、不知不觉地通过海洋的，但海啸一旦到达海岸边的浅水区域，瞬间就会变成灾难性的巨浪。因此海啸不仅具有巨大的毁灭性力量，而且不容易预防。即使在深海处设置监测点，也无法准确地预报海啸。

海啸波的组成

海啸是由一系列海浪组成的，从海啸的第一个浪头到达岸边到整个海啸结束，持续时间能够达到好几个小时。一般情况下，海啸的波长为几十至几百千米，周期为2~200分钟，常见者大多数为2~40分钟。在海啸开始形成时，它的波高并不大，仅为1~2米左右。在其传播过程中会一直保持这一高度，但是在快到达海湾或者岸边的浅水区时，波高会突然增加数倍或者数十倍，携带巨大的能量和强烈的破坏力，形成一种破坏性极强的巨浪。

历史上，最大的海啸的波幅曾高达51.8米，于1964年在美国阿拉斯加的瓦耳迪兹港发生。海洋激浪与海啸相似，但高度更大。1958年7月9日，阿拉斯加的利鲁雅湾因地震引起的岸边滑坡冲入海底，造成的激浪高达 525 米，有两艘小艇被激浪抛到海岸附近一座海拔 500 米的山顶上。

下面来介绍和海啸有关的名词。

波高：波浪的顶峰与谷底的垂直距离。

波长：相邻两个波顶峰或波谷底之间的距离。

周期：波浪传播过程中相邻两个波谷底或波顶峰通过某一垂直断面的时间差。

海啸形成的波浪特点：在大海中

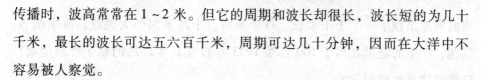

传播时，波高常常在 1~2 米。但它的周期和波长却很长，波长短的为几十千米，最长的波长可达五六百千米，周期可达几十分钟，因而在大洋中不容易被人察觉。

总之，海啸波是以波长长、传播速度快、在浅水水域形成巨浪为特征的波浪。

最为常见的地震海啸

在所有引发海啸的因素中，地震海啸是最为常见的。历史上的绝大多数海啸，都属于地震海啸。所谓地震海啸，更具体一点来说，是地震引起海底隆起和下陷导致海啸发生。由于海底突然变形，使从海底到海面的海水整体发生大的涌动，从而形成海啸袭击沿岸地区。

2004 年，印度尼西亚苏门答腊岛西北部的西南方印度洋深海发生了历史上有地震记录以来的第二大地震海啸。这次强烈地震，在几秒的时间里，

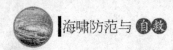

海底突然出现了一个千千米长、百千米宽、十几米深的大裂缝。海水剧烈震荡，产生的能量相当于 100 万颗 1945 年投在日本广岛的原子弹的能量！这次海啸是地震引发的。

海啸的危害

海啸对生态环境的影响

印度洋海啸不仅严重地危害了印度尼西亚的人民生命财产安全，而且还严重破坏了陆地和海洋生态环境，灾害是转瞬之间就能造成的，但是要恢复则需要长期的努力。

印度尼西亚农业部的有关统计资料指出，频繁的海啸冲毁了印尼境内 37 000 公顷的土地，其中包括一些即将丰收的稻田和杂粮田。海啸造成的危害是长期的，海啸过处，不只是田地庄稼被冲毁，耕地被海啸冲过之后含盐分极高，需要很长一段时期用清水冲刷去盐，但是有些耕地已经很难再恢复了。

印度洋海啸冲入印尼境内的班达亚齐以及沿海其他一些重要城镇 2~3 千米，甚至有些距离海岸边 10 多千米的地方也遭到了海水侵袭。海水不仅冲毁了农作物，更使得房屋倒塌、家畜死亡，还破坏了大片土壤的表层养分。

海啸冲击灾区产生的污水，严重污染了水源。造成这些地区内的食用水井和城市水源严重盐化，治理之前的一段时间内这些水源全都不能饮用。而工业与家庭污染物质随着海啸的冲击被带到附近的水源与土壤中，又加重了环境的污染。

冲向陆地的大海啸虽然起源于海中，但也会对当地的海洋生态造成重创，珊瑚礁、红树林和海洋鱼类都受到严重的污染。印尼巴厘岛的国际环保组织负责人不久前指出，印度洋海啸对生态造成的破坏极为明显，当地海床的水草和红树林都受到破坏，影响最为严重的是珊瑚礁，这种海洋生物需要几百年的时间才能得到恢复。珊瑚礁为鱼类的繁殖提供了良好的环境，一旦珊瑚礁受损，环印度洋的渔业也必然会受到长远的不利影响。

珊瑚礁和红树林都是鱼类繁殖的良好环境，它们对沿海地区也有重要的保护作用。这里有一个很著名的例子可以解释这一观点。马尔代夫地势较低，受到的海啸危害应该更大、更严重，但此次海啸中死亡人数却远远低于泰国的普吉地区，专家们针对这一现象进行了研究。研究发现：这是

因为马尔代夫在发展旅游过程中注重珊瑚礁的保护，而泰国普吉地区为了推动旅游业发展，铲除了沿海的一些红树林，没有了红树林的保护，因此加重了受灾程度。后来，班达亚齐市在讨论重建规划的过程中对这一点非常重视，在沿海一带的规划中准备开辟出 500~2000 米宽的红树林新绿化带，以增强对海岸线的保护，并在规划中使居民区远离海滩，以减少沿岸居民受灾的可能性。

印度洋地震和海啸也对震中周围的一些岛屿产生了影响。印尼一些地质专家在实地考察后发现，距离震中较近的部分岛屿的地形已经发生了明显的变化，尤其是锡默卢岛出现了北翘南沉的地形变化。而印尼历史上受灾最为严重的米拉务镇到班达亚齐一带的海岸线已经下沉了 1 米左右，导致部分海滩的消失。这些变化对当地海洋生态的产生都是负面影响。

海啸对海洋生物的影响

海啸灾害对海洋生物也有很大的影响，现在，受灾地区的一些濒危海洋生物，引起了科学家的忧虑，此外，让科学家关心的，还有那些动物赖以生存的栖息地。

一位印度海洋生物学家在安达曼和尼科巴群岛调查生态系统的受灾情况时发现，许多种类的海龟，最年幼的一代已被海啸带走。海龟的产卵季节一般在 11 月至次年 1 月，但是海啸过后，由于地壳构造运动，位于南安达曼、小安达曼和尼科巴等岛屿群的小岛都下沉了 1~3 米，几乎所有适合

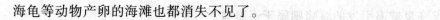

海龟等动物产卵的海滩也都消失不见了。

而主要生活在安达曼群岛的懦艮（nuògèn）（俗称美人鱼）和成水鳄鱼，也受到了不同程度的影响。懦艮最为奇特的特征是长着像鲸一样的裂尾，人们通常将懦艮称为美人鱼。懦艮不像海豚那样擅长游泳，所以，在海啸发生时，很容易出现溺毙现象。海啸的影响甚至还延伸到了咸水鳄鱼栖息的小溪地区，对这些地区造成了严重的破坏。

本地海啸与遥海啸

海啸一般有两种类型：一是本地海啸，二是遥海啸。

本地海啸从源地到岸边距离不到 100 千米，海啸波传播速度很快，到达沿岸的时间只需要几分钟，或几十分钟而已。速度快到接到海啸波预警之后都来不及防御，从而造成极大的灾害。

遥海啸，指的是从大洋深处或横越大洋传播而来的海啸波。遥海啸波是一种波长可以长达几百千米的长波，周期能够达到几个小时。这种长波在传播过程中几乎能够保持能量不减，所以，在传播到几千千米以外仍能造成很大的灾害。但是因为这种海啸发生距离较远，海啸波的速度远远快于海啸的传播速度，因此，可以相当准确地预测它的到来时间，这样就很容易警告和疏散可能受到影响的人们。1755 年里斯本地震海啸属于本地海啸，而 1960 年智利发生地震

后，又在夏威夷引发的海啸则属于遥海啸。

在这里，需要注意的是，一次海啸的发生过程中，关于本地海啸和遥海啸的分类并不是绝对的。比如，在 2004 年 12 月 26 日，印度尼西亚的苏门答腊岛附近海域发生的 8.9 级强烈地震，同时引发了巨大的海啸，地震的震中就是海啸波的发源地。海啸波从发源地到印度尼西亚受灾最严重的班达亚齐只用了几十分钟，对于印度尼西亚来说，这就是本地海啸；但是对于印度、斯里兰卡、马尔代夫、泰国、缅甸、马来西亚等国来说，海啸波传播需要好几个小时，就属于遥海啸了。

环境恶化加剧了海啸对人类的威胁

21 世纪全球最恐怖的自然灾害是东南亚的海底地震引发的巨大海啸。这次海啸导致数万人丧生，更多的人无家可归。在人们感慨自然力量可怕的同时，科学家指出，环境的恶化加剧了海啸对人类的威胁。污染严重、全球变暖、珊瑚礁的破坏导致海岸缺乏抵御龙卷风和海啸的良性生态环境，沿岸的居民在灾害面前显得是那么脆弱、渺小、软弱无力。

布拉德·史密斯是国际"绿色和平"环保组织的官员，他曾说："许多国家的海岸线都处于危险之中，一些亚洲沿海国家不断在海边修路、圈海养鱼、开垦农田和开发旅游业，导致沿海的天然屏障不断遭到破坏。"人类过度地开发海洋，沿海地区的天然屏障受到严重破坏，这些天然屏障包括沿海湿地中的树林和浅海中的珊瑚礁。湿地森林和珊瑚礁的消失，不能有效地减缓风浪对陆地的破坏力，也不能减缓海浪冲向海岸的速度和力量。

依赖于石化燃料的现代工业，不断向大气层排放温室气体，导致了全球变暖。全球变暖是环境恶化最直接的原因，那么全球变暖有哪些危害呢？在陆地上，它可以引发气候灾害，在沿海地区，它的威胁也非常明显。

第一，全球变暖导致两级冰层逐渐融化，海平面不断上升，海水不断侵蚀海岸。

第二，海洋大风暴产生的一个重要原因就是全球变暖。调查结果表明，20世纪中，全球海平面平均上升了10～20厘米；在2004年的印度洋海啸中，如果海平面还能保持19世纪那样的高度，那么东南亚的损失将会减少很多。

理查德·克莱因是德国波茨坦气候变化研究所的研究人员，他认为，通常情况下，自然灾害对贫穷国家的破坏会更大些。这是因为，发达国家能为在沿海地区建设更坚固、更高的堤坝来对抗风浪，例如荷兰，它就可以做到这一点。而一些发展中国家却很难做到这一点。理查德·克莱因建议一些发展中国家除了要重视建设海岸屏障外，还要开发更好的龙卷风、海啸等海洋灾害的预警系统。这样，人们就可以在海啸来临前获得确切的警报信息，就会大大减少人员伤亡。对于一些比较小的岛国来说，更大的危险不是会沉没在海洋中，而是海啸卷入的海水会污染淡水水库，他们又无力购买昂贵的海水净化设备，居民没有水喝成了一个严重的问题。对于

东南亚遇灾国家来说，海啸之后重建家园遇到了重重困难。

还有一方面也许在现代科技面前还只是一个预言，但是，它却不是没有根据的预言，全球气候变暖，很可能导致地壳沿太平洋海岸线断裂。那么环太平洋就会发生更多更强烈的海啸和地震！

新的计算结果表明，到2100年，就全球来看，海平面还会上升9~88厘米。对于我们来说，这意味着什么？恐怕可能远远不只是陆地萎缩、海岛被淹没那么简单！

如果海平面没有升高，在纵向太平洋板块和大陆板块的受力是处于平衡状态的。可是，如今海平面已经升高了，力的平衡也就被打破了。最新的卫星测绘数据表明，现在太平洋的水域面积约为1.79亿平方千米，如果按海平面升高40厘米算，海水对海底地壳的压力也会增加68万亿吨！由于地壳之下的地幔是流质的，因此，海底增加的这部分压力，就会全部分摊在太平洋海岸线的地壳上。我们按太平洋板块周长为7万千米估算，太平洋海岸线承受的剪切应力为每千米10亿吨左右。

陆地水总量减少会导致对大陆板块压力的减少，如果考虑这一因素，那么这种因为海平面总的升高在太平洋海岸线亚欧板块和太平洋板块之间产生的剪切应力就会翻一倍，在每千米20亿吨左右！剪切应力这么大，足以对太平洋海岸线的地壳产生很大的破坏，严重的会导致地壳沿太平洋海岸线断裂。

其实，这一预言可以通过大水库蓄水时会伴随发生中轻级地震的现象来证明。例如，印度柯伊那水库地区从来没有发生过地震，1962年水库开始蓄水，当贮水量

未达到总容量的一半时，这里就频繁出现小地震。在 1967 年，这里发生了一次 6.4 级的地震，导致大坝受到损害，造成严重损失。

这一预言还有一个有力证明，那就是环太平洋地区频繁发生的地震。

依据这一理论，可以预言海平面升高产生的地壳断裂、塌陷所造成的地震，与板块挤压造成的地震不一样：板块挤压造成的地震，地震过后，导致地震的应力会被释放。在同一地区，一次地震发生后，相当长的一段时间内，这里不会再发生地震。而海平面升高产生的地壳断裂、塌陷造成的地震，震后导致地震的应力不会被释放，因此，在短期内，还会再发生地震。印尼同一地区接二连三地发生地震也是这个原因造成的。

所以说，全球变暖肯定会导致地壳沿太平洋海岸线断裂，环太平洋会发生更强烈、更多的地震和海啸不是耸人听闻的猜测！相关领域的专家和各国政府要高度重视！

探询引起海啸的原因

海啸是地球外动力、内动力甚至天体作用于海洋引起的快速向外传播的水中巨大的海浪。天体作用，如陨石坠落海洋所引起的巨浪。地球外动力作用，海岸或海底滑坡，也会引发海水激荡而形成海啸。而灾难性的海啸多是由地球内动力作用于海底的地震和火山喷发引起的。此外，水下核爆炸也会引起海啸，但这是人为制造的海啸。

陨石坠落引起海啸

地质学家们发现数百年前曾有一块大陨石落入南太平洋。在澳大利亚东部沿海的 130 米海上地区发现了杂乱的沉积岩，这可能是由海啸造成的。沉积物的年代可追溯到 1500 年。恰巧这时土著毛利人突然从新西兰的一些沿岸地区迁走，这也许就是海啸造成灾害的结果。在新西兰斯图加特岛的两个可能受到那次海啸影响的地区，沉积物分别高出海平面 150～220 米。究其那次海啸发生的原因，可能与他们在新西兰西南海面下发现的一个直径达 20 千米，深 150 米与周围环境不一样的岩石坑有关。对从中取出的岩石坑物质样本进行鉴定，显而易见与周围地区不同，它含有一种被称为玻陨石的物质。这是地外星体坠落的物证。当地土著毛利人中也流传着传说。

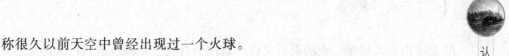

称很久以前天空中曾经出现过一个火球。

还有一些最大的海啸也可能是天外来客造成的。彗星、小行星和陨星等降落地球时，毕竟有 70% 的机会落进海洋中，据科学家估计。地外物质所造成的海啸大约每 1000 万年才会有一次，大多数这种海啸规模有限，但有时也会引发大海啸，如一个直径 300 米的太空陨石能够造成浪高 11 米的海啸，淹没 1 平方千米的陆地。最近发现的一个海啸沉积物，对比得克萨斯和墨西哥的异常沉积解释为海啸沉积，但它是在一次大规模灭绝性灾变时由白垩系/古近系边界尤卡坦附近的巨大陨石撞击造成的。它是一个位于墨西哥尤卡坦半岛的撞击陨石坑，埋藏在地表之下。这个陨石坑的名称取自于陨石坑中心附近的城市希克苏鲁伯：希克苏鲁伯在玛雅中语意为"恶魔的尾巴"。根据雷达的探测，陨石坑整体略呈椭圆形，平均直径约有 180 千米，是地球表面最大型的撞击地形之一。

在 20 世纪 70 年代晚期，地质学家 Glen Penfield 在尤卡坦半岛从事石油探勘工作时，发现过这个陨石坑地形。目前已在该地区发现冲击石英、重力异常、玻璃陨石等地质证据。可证明希克苏鲁伯陨石坑是由撞击事件造成。从岩石的同位素研究

得知，希克苏鲁伯陨石坑的年代约为 6500 万年前，时当白垩纪与古近纪交接时期。2010 年 3 月 5 日，一个国际研究小组在《科学》杂志上发表研究报告，确认在 6500 万年前，一颗小行星撞击今天墨西哥境内的希克苏鲁伯地区是造成白垩纪—古近纪恐龙大灭绝的原因。海上撞击所造成的危害比

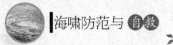 

陆上撞击要大得多。大的陨石可以一直冲到海底，在海上造成巨大的海啸。据计算，尤卡坦希克苏鲁伯的陨石撞击造成了 50～100 米高的海啸，在内陆数千米处形成了堆积。

水下核爆炸引起海啸

水下核爆炸是指核弹在水中一定深度的爆炸，主要用于杀伤破坏潜艇水下的各种设施。并在一定的水域造成放射性沾染。核爆炸火球的光辐射能量大部分被水吸收，在近距离上，可以看到明亮的发光区，并且迅速冷却、膨胀，犹如一个急剧生长的大气泡，并产生水中冲击波，当气泡上升冲出水面时，即形成一股浪花翻腾的空心水柱，其直径可达数米，高度可达几千米。气泡内的气体可以从水柱中心直冲云霄，形成菜花状的蘑菇云团。喷出的气体，温度远高于周围的空气，进入空中之后一部分聚成冷凝云。水下爆炸可以产生巨大的波浪。如 1 枚 10 万吨级的核弹在 25 米深水下爆炸，距爆心 1 千米处，波浪可高达 10 米，并且在水面靠近水柱基部，

形成一团环形具有很高放射性沾染的云雾。随着水的回落，雾迅速向周围扩散，并向下风方向漂移，也有可能会随放射性雨降落下来。

水中爆炸和水面爆炸都可以形成水中冲击波。这是水中核爆炸的主要杀伤破坏因素。由于核武器爆炸能量中的 50% 转化为冲击波，因此水中冲击波的能量非常大。其传播速度高于水中的音速，大约 1.5 千米/秒。"二

战"结束不久，1946 年 7 月 25 日，美国就在北太平洋上比基尼群岛附近平静的海面上爆炸了一枚原子弹。这是历史上由美国军方实施的第一次水下核爆炸。被曼哈顿工程的工程师们称为"比基尼·海伦"的这枚原子弹爆炸的威力相当惊人。炸沉 11 艘巨型军舰并炸伤 6 人。这支旧舰队是供试验用的，停在爆炸区内。

美国在比基尼岛持续了长达20 多年的核试验，最著名的一次是在 1965 年夏天，核爆炸引起海中喷涌出巨大的水柱，在距爆炸中心 500 米的海域内，直接引发了海啸，巨浪高达 60 多米，离爆炸中心 1500 米的海浪也在 15 米以上。正在附近海面上的不少舰船被巨浪掀翻，海啸引起的 5 米高的海浪一直波及数百千米以外，一些小渔船几乎全部倾覆。当时美国科学家就预言，水下核爆炸可在远距离上冲垮敌海岸设施，并造成舰毁人亡。

在美国和俄罗斯的核武器库中都曾装备有多种水下核武器。"二战"后，美苏两国对德国潜艇的狼群战术造成的巨大威胁记忆犹新，因此两国都不约而同地想到利用水下核爆炸大面积摧毁潜艇群。美国在 20 世纪 50 年代就开始研究对付潜艇群的深水核炸弹。1954 年 7 月，一种被称为"贝蒂"的编号 MK7 的核弹头开始服役，共生产了 225 枚。以后又陆续研制了W34、W66 弹头，用于装配 MK45 鱼雷和反潜火箭等水下核武器。为了研制这些核武器，美国在深海中进行过多次核武器试验。从美苏水下核试验情况来看，这些武器在打击水下目标的同时，也难以避免会造成海啸，特别是多枚深水核弹的使用可能会造成大范围的海啸。

海岸或海底滑坡和水下崩塌引起海啸

人们总是对浩瀚的海洋充满疑问，海洋里到底是什么样子的呢？其实海洋底下和陆地差不多，有山脉、高原。它们中有大块体积处于斜坡处，如果受到海底气体喷发而发生塌陷、滑坡，也会引发海啸。大规模的沿海滑坡和水下崩塌有可能引发海啸并造成大量人员伤亡。1958 年 7 月 9 日，阿拉斯加里鲁雅湾岸边发生大滑坡，激起海浪高达 525 米，把两条小艇推到海拔 500 米以上的山顶。近年来发现，大洋中的火山岛由火山熔岩堆积而成，稳定性比较差，容易塌陷。例如，西太平洋的马克萨斯群岛、印度洋中的留尼汪岛、北大西洋的埃尔塞罗—德尔耶罗群岛、南大西洋的特里斯坦—达库尼亚群岛等。

火山爆发后引起山体崩塌也可能引发海啸。如日本九州岛的云仙火山距离长崎东部大约 25 英里（约 40 千米），1792 年喷发后 1 个月，即 5 月 21 日，这个火山群的"老成员"Mayuyama 火山斜坡倒塌，由此产生的塌方成为岛原市的噩梦。滑落的山体坠入海洋引发海啸，最大波高达 50 米以上，塌方和海啸共造成超过 1.5 万人丧命，是日本历史上最为严重塌方灾难。在岛原市，我们仍可以看到塌方给这片土地造成的伤痕。又如 1964 年 3 月 3 日。美国阿拉斯加州安克雷奇市南部沿海地带的悬崖滑入太平洋海湾中引发海啸，巨浪高达 70 米，令 100 多人葬身海底。

海岸或海底滑坡和水下崩塌，这种现象可能是小规模的，或者幅度缓慢，但有时也会发生大规模水下山体滑落，速度甚至可达每小时 100 千米。1998 年，巴布亚新几内亚附近发生 7.0 级大地震，结果引发水下山崩，导致海啸波浪高达 15 米，一直入侵到内陆 20 千米，导致 2100 人丧生。那这次海啸，原以为是地震直接引发的，后经过海底钻探与勘测，证实地震先引起巴布亚新几内亚海下发生滑坡，大约出现 4 千米的水下沉积物移动，故而造成灾难性的海啸，给人们留下深刻的记忆。

科学家通过研究加州蒙特里杰克湾的三维地图后发现，该海湾水底下的部分山体已经出现断裂的迹象，很可能在不久的将来出现山体滑坡。一些科学家更暗示，美国东海岸的大陆架也有塌陷的可能性。

火山爆发引起海啸

众所周知，火山爆发是热熔岩穿过地壳，上升到地球表面的运动。我们之所以用"爆发"，是因为它发生的过程非常剧烈、恐怖。如果大规模火山喷发发生在海底，或者海底火山口塌陷扰动水体，就能够引发海啸；火山喷发耗尽内部岩浆后导致崩溃，底部经过千百年的海水侵蚀后也可能出现山崩，会引发海啸。火山引发海啸发生的概率较低，但并非不会发生，其危害程度也非常巨大。公元前 15 世纪，桑托林火山发生猛烈喷发，并且引发了海啸，巨浪高达 90 米，整个岛屿几乎被抛向空中，然后坠入海底。巨大的海啸摧毁了锡拉岛上的米若阿文化。

火山引起海啸实例及预测

（1）《圣经·旧约》中著名的《出埃及记》，讲述了摩西带领受奴役的犹太人逃出古埃及的故事。法老的军队追赶到红海边，危急时刻，海水分

开，露出道路，犹太人平安穿越，追兵却被合拢的海水吞没。据英媒体报道，根据最新考古发现，美国制作了一部纪录片即将播出，力图"科学"解释《出埃及记》里记载的种种"奇迹"。纪录片表达的核心观点是：希腊桑托林群岛一次火山爆发引发一系列自然灾害，而正是这些自然灾害导致红海海水分开等"奇迹"发生。传说中海水分开又合拢，吞噬追兵的"奇迹"实际是火山爆发引发的海啸现象。而据历史考证，当时喷发的桑托林火山正好位于埃及以北约 644 千米处。

纪录片官方网站说，火山喷发引起连续地震，很可能"破坏了整个尼罗河三角洲，造成部分土地脱离非洲大陆板块"，漂移到犹太人被追赶的海域，使得那里的地面突然升高。换句话说，"使海水分开"，网站说，"海水流向低处……露出高处的地面，犹太人可以从上面走过去。同时，海啸激起的滔天大浪只需要涌进内陆 11.2 千米，就足以吞噬追兵。"

（2）克里特岛是爱琴海上最大的岛屿，而 3000 多年前的克里特文明是古希腊文明的起点，尤以富丽堂皇、结构复杂的宫殿建筑闻名。然而，这样一个强大的文明最终却不明不白地消失了。人们对此存在多种猜测，有人认为它被来自小亚细亚的蛮族摧毁，有人认为是与希腊城邦交战的结果，还有人认为可能是遭遇了大地震。丹麦奥胡斯大学教授瓦尔特·弗里德里希和他的同事根据从锡拉岛上发现的一段橄榄枝，验证了一个更有说服力的理论：克里特文明是毁于一次空前规模的火山喷发及其引发的大海啸，克里特岛距离锡拉岛只有 96 千米，弗里德里希认为，3600 多年前，锡拉岛上一座火山突然猛烈喷发，其喷出的烟柱上升到高空，数千吨火山灰甚至随风飘散到格陵兰岛、中国和北美洲。火山喷发还引发了大海啸。高达 12 米的巨浪席卷了克里特岛，摧毁了沿海的港口和渔村。而且，火山灰长期飘浮在空中，形成一种类似核大战之后的"核冬天"效应，造成这一地区在以后的几年时间里农作物连续歉收。克里特文明可能因此遭受了毁灭性打击，迅速走向衰亡。

科学家从遥远的格陵兰岛、黑海以及埃及都探测到这次火山喷发产生的灰尘。他们还从爱尔兰和加利福尼亚发掘出遭到这次爆发引起霜冻破坏的植物化石。事实上。早在1967年，美国考古学家便在桑托林岛的60米厚的火山灰下，挖出一座古代商业城市。经考证，这座城市是在公元前1500年前后，火山大爆发时被火山灰所埋葬。那可能是人类历史上最猛烈

的一次火山大爆发，喷出的火山灰渣占地面积广，达62.5千米，岛上的城市几乎在一瞬间就被埋在厚厚的火山灰下，并波及地中海沿岸及岛屿。据记载，当时埃及的上空曾出现3天漆黑一片的情景。除此之外，火山爆发引起巨大海啸，浪头高达50米，滔天巨浪滚滚南下，摧毁了克里特岛上的城市、村庄，米诺斯王国也随之化为乌有。

（3）1883年8月27日，由喀拉喀托火山爆发引起的印度尼西亚爪哇和苏门答腊海岸的海啸。在喀拉喀托火山爆发的时候，海啸跟着发生了，巨浪袭击海峡北侧，高达22米，停泊在离岸3300米的军舰贝鲁号被海浪

往上推离当时的水平面，达到了9米的高度。爪哇有些地方巨浪高达35米。波浪自巽他海峡的南口向印度洋扩散，使锡兰岛的浪高达到了2~2.4米。及至澳大利亚的西岸，余波还未平息，仍有1.5~1.8米的高度。海啸巨浪以每小时560千米的速度朝向大西洋北进，抵达法国沿岸。在北大西洋的英吉利海峡，波浪还留下了几厘米高的记录。32.5小时内，波浪绕过了半个地球，沿途至少有50艘以上的船只毁于巨浪之下。死于这次火山喷发和海啸的人数达到了36 400人，财物损失不可计数。

　　2007年11月8日早晨，印度尼西亚的克卢德火山（喀拉喀托火山之子）喷射出大量迅猛的热气、岩石和熔岩，当时一艘渔船正好停靠在巽他海峡的岸边。这次喷发的火山口位于山体的一侧，巨大的压力把大量的烟尘和石块抛上云霄，场面十分壮观。克卢德火山是著名的喀拉喀托火山的一部分，而喀拉喀托火山是世界上唯一一座从海中崛起的火山。这次喷发虽然壮观，但远比不上1883年的那次火山爆发。

火山引起海啸的方式

1. 崩塌与滑坡

海底大规模火山喷发和海底火山口塌陷扰动水体，可以引发海啸。如 1883 年 8 月 27 日，印尼巽他海峡喀拉喀托火山爆发，将岩浆喷到苏门答腊和爪哇之间的巽他海峡。在火山喷发到最高潮时，岩浆喷口突然坍塌，

引发浪高 35 米的海啸。大多数火山喷发除了海底火山口塌陷扰动水体引发海啸外，还可能因火山喷发膨胀使火山周围不稳定的滑坡体和崩塌体产生，继而滑坡和崩塌导致海啸的发生。

2. 冲击波

1980 年 3 月 18 日，美国华盛顿州圣海伦斯火山喷发，卫星摄下珍贵照片。经过分析表明，火山爆发的冲击波穿过 200 千米厚的大气层，释放出相当于 500 多枚美国当年投掷广岛的原子弹的能量。炽热喷涌的岩浆使房

屋、桥梁、公路、森林、人畜毁于一旦。2004 年该火山又爆发。当这种类型的火山喷发发生在海底，将产生灾难性的海啸，但到目前为止，尚未找到实例。

地震引起海啸

如果地震发生在海底，震波的动力会引起海水剧烈地起伏，形成强大的波浪，淹没沿海地带。

地震波的传播速度比海啸的传播速度快是海啸预警的物理基础。震动方向与传播方向一致的波称为地震纵波（P 波），地震纵波的传播速度很快，每秒钟传播 5～6 千米，海啸的传播速度比地震纵波慢 20～30 倍，因此在远处，地震波要比海啸波早到数十分钟，有的甚至早到数十小时，具体数值取决于震中距以及地震波与海啸的传播速度。举个例子，当震中距为 1000 千米时，地震波会在 2.5 分钟左右到达，而海啸要在 1 小时左右才能到达。1960 年，智利发生特大地震，地震激发的特大海啸 22 小时后才到达日本海岸。研究地震与海啸的学者认为，地震海啸是由于地震使海底地形发生隆起和下沉所引起的特大的海浪。地震海啸的形成，要具备3个条件：有深海盆地，可以容纳巨量海水；海底地形隆起与凹陷反差强烈；存在倾滑型活断层，可发生6.5级以上倾滑型的地震，瞬间改变海底地形，使隆起与凹陷落差陡然增大，迅即引起海水大量涌入而产生扰动。

地震海啸多集中分布在两板块之间的俯冲带，也就是下降岩石圈板块向下俯冲与另一相邻板块相接触的地段，且成逆冲断层错动，因而使海沟海盆上下运动，促使海水激烈扰动而产生海啸。近200多年来，全世界发生了13次灾难性的海啸。

海啸与风暴潮等其他海水波动的差异

海啸与风暴潮、地震波引起海水波动都会形成大小不同的海浪，它们的波形波长、振幅、波速和成因是不同的。

差异一：波形波长不同

地震波是弹性波，在水中只传播疏密波，即纵波（P波），质点上下往复运动与传播方向一致，其波长小于75米。而风暴潮、海啸波是重力波，

也就是以重力为恢复力所产生的波，风暴潮波长100米，海啸波长10～100千米，且随海水深度不同而变化，水深达7000米时，波长为282千米，水深为10米时，波长达10千米。不同的海水深度，对应不同的波长，海水越深，波长越长。

差异二：周期不同

地震波在水中传播疏密波为短周期，小于0.1秒；而风暴潮周期为6～10秒，是一种短周期的重力波。海啸波的周期为200～2000秒，是一种长周期的重力波。而2004年12月26日，印度尼西亚苏门答腊—安达曼8.7级特大地震之后的2小时5分钟引起印度洋大海啸，记录到该海啸周期长达37分钟，为2220秒。

差异三：振幅不同

地震波振幅大小与震级、距离有关，约数厘米。海底发生地震时，近震中海面船只感到震荡。风暴潮在海面振幅大，高达数米，船只感到摇晃，随深度衰减很快，海面以下100米，衰减殆尽；海啸波振幅较小，比海浪小，浪高通常是几十厘米至1米，比风暴潮（浪高通常是7～8米）小得多。例如，杰森1号测高卫星在印度尼西亚苏门答腊—安达曼8.7级特大

地震之后 2 小时 5 分钟巧遇印度洋大海啸，记录到该海啸周期长达 37 分钟，而"双振幅"（波峰至波谷的幅度）仅约 1.2 米。在海面行驶船只感觉不到海啸发生，海啸波传播到大陆架近岸，振幅才陡然增大，可达数米或数十米。形成陡立的"水墙"，冲击着沿岸的一切。

差异四：波速不同

地震波，在海水中只能传播 P 波，速度快，其波速为 25 000 千米/小时；海啸波速度次之。一般为 720～900 千米/小时。海啸在深海大洋中传播的速度是非常快的，基本上能够达到每小时 800 千米左右，这一速度可以比肩喷气式飞机。海啸传播速度与海水深度有密切关系，随着海水加深，海啸速度迅速增大。如果海水深 10 米，则海啸传播速度为 36 千米/小时；当海水深度达到 7000 米时，海啸传播速度也相应达到 943 千米/小时。风暴潮速度最小，为 47～61 千米/小时。

差异五：成因不同

地震是在海底一定深度内，因岩石受地应力作用，超出岩石的破裂强度而产生剪切破裂或断层的突然错动而引发地震，进而引起海水的震动，只是水颗粒简单的上下往复运动，水并没有朝着 P 波传播方向流动。风暴潮是因海面上刮风而引起，仅使海水内激起浅弱的海水扰动。海啸是海中重力改变引起的重力波。故而激起整个从深海到浅海的海水扰动。原生的海啸分裂成为两个波，一个向深海传播，一个向附近的海岸传播。向海岸传播的海啸，受到岸边的海底地形等影响。在岸边与海底发生相互作用，速度减小，波浪增高，迅猛地冲击沿岸的一切，造成巨大的灾难。

海啸传播的方式

海啸的传播方式是，从发生地区引发的深层海水涌动，由内而外，向四面八方传播。

海啸波质点运动的特征是，海啸的波长（10～100千米）比海水的深度（约数千米）大得多，水深达数千米的海洋，对于波长10～100千米的海啸，犹如一池浅水，所以海啸作为一种重力表面波是一种"浅水波"，在深海几乎看不出什么波动。当它在海洋中传播时，振幅随深度衰减很慢，慢到了几乎没有什么衰减的程度；并且，海水质点在垂直方向的运动幅度比在水平方向的运动幅度小得多，呈极扁的前进的椭圆形，扁到几乎退化为一条直线，以至整个海洋，从海面直至海底的海水质点，同步地沿水平方向往复地运动，携带着大量的能量袭向海岸。平常的海浪或风暴潮，虽然与海啸两者同属重力表面波，但由于风暴潮波长（数量级约100米）比海水的深度（数量级约1千米）小得多，所以是一种"深水波"。海水质点的运动只限于在距深海大洋的表面数量级约100米的深度范围内传播。海水质点在垂直于海面的平面上运动，呈前进的圆形；振幅随深度很快地衰减，到了大约半波长，即数量级约100米的深度即衰减殆尽。尽管海面上波涛汹涌，潜没在水下的潜艇却岿然不为所动就是这个道理。

海啸发生后，首先在发源地传播，上下翻腾，然后以重力长波的形式

向各个方向传播，最后到达近岸，以快速高振幅冲向海岸。海啸在传播过程中，如果不发生反射、绕射和摩擦等现象，则两波线之间的能量与波源的距离无关，波高随相邻两波线间的距离和水深的变化而动。在绝大多数情况下，海啸发源地的海底山脊、陡岩、断层呈狭带状分布。由于海中陡峭隆起与山脊均是波导，而波导面上能量显著集中，引起波高剧烈增大，致使能量辐射具有明显方向性。例如，1946 年 4 月 1 日的阿留申海啸和 1952 年 11 月 4 日的堪察加海啸，就是明显的例子。在水深急剧变化或海底起伏很大的局部海区，会出现海啸波的反射现象。在大陆架或海岸附近，海啸在传播过程中有相当多的能量被反射，称为强反射；而在深海下的山脊和海底上的反射则属弱反射。如果水深和波长的比值远大于水深的梯度，则不发生反射。此外，海啸波在传播过程中遇到海岸边界、海岛、半岛、海角等障碍物时，还会产生绕射。海啸进入大陆架后，因深度急剧变浅，能量集中，引起振幅增大，并能诱发出以边缘波形式传播的一类长波。当海啸进入湾内后，波高骤然增大，特别是在 V 形（三角形或漏斗形）的湾口处更是如此。这时湾顶的波高通常为海湾入口处的 3～4 倍。在 U 形海湾，湾顶的波高约为入口处的 2 倍。在袋状的湾口，湾顶的波高可低于平均波高。海啸波在湾口和湾内反复发生反射时，往往会诱发湾内海水的固有振动，使波高激增。这时可出现波高为 10～15 米的大波，造成波峰倒卷，甚至发生水滴溅出海面的现象，溅出的水珠有时可高达 50 米以上。

衡量海啸强度

海啸的规模度量和地震的震级一样，用数字表示，目前广泛运用的是日本科学家今村和饭田给出的规模等级 m。m 的计算是根据发生最大灾害的一定区间内海岸上的海啸高度及其区间的长度而决定的，而不是用特定的物理量和明确的数学算式结合确定的，因此是比较含混的，但非常实用，且一目了然，因此被广泛采用。

海啸规模等级 m 与地震烈度相似，没有明确物理概念和数学模式。

我们经常用在海岸上观测到的海啸浪高的对数作为海啸大小的度量。如果用 H（单位米）代表海啸的浪高，则海啸的等级 m 为：$m = 10g_2H$

根据羽鸟的定义给出的海啸规模 m：①它不仅仅是最大破坏海岸的信息，而且离波源很远地方的海啸高度也反映在海啸规模的计算上；②以海啸高度 H 和从波源开始的传播距离 R 的数学公式给出海啸规模的定义。从这两点上，可以说它进一步扩展和明确了今村和饭田的海啸定义。

海啸源与海啸

海啸源的分布与类型

地震与海啸虽然没有直接的因果关系，但在空间分布上却是一致的。

世界海啸频发区分布

全球构造运动最活跃的地带，是环太平洋带和地中海—喜马拉雅带，也是地震和火山分布最多的地带。按地槽构造学说，环太平洋带是现代地槽区带，目前仍处于强烈拗陷，岩浆、断裂、褶皱活动最强烈阶段。表现出频繁的地震，强烈的火山喷发，断裂错动，滑坡和崩塌时有发生。而地中海—喜马拉雅带是新近纪地槽回返形成的褶皱带，挤压、断裂、褶皱非

常剧烈，形成欧洲的阿尔卑斯山和亚洲的喜马拉雅山，陆地表现为逆冲型地震。在地中海表现为地震、火山和海啸。从板块构造来看，环太平洋带下降岩石圈海洋板块向大陆板块俯冲，由浅

震、中震以及深震组成了贝尼奥夫地震带。而阿尔卑斯—喜马拉雅带是非洲及印度板块向欧亚板块碰撞，形成了近东西向的板块碰撞带。虽然，地震不直接引发海啸，但是，啸源大致与地震带一致。全球有记载的破坏性海啸大约有 260 次，平均六七年发生一次。发生在环太平洋地区的地震海啸就占了约 80%，而日本列岛及附近海域的地震又占太平洋地震海啸的 60% 左右，日本是全球发生地震海啸并且受害最深的国家。

形成海啸源的构造环境及分类

地震是现代构造运动的表现形式之一。它发生在地壳构造活动最活跃的地带，也就是在全球板块构造的板间接触带上，其次在弧后盆地。海啸源发生与地震有一定的关系。从全球地震分布图来看与海啸源的分布几乎一致。海啸主要发生在各种类型俯冲带和碰撞带以及弧后盆地中。

1. 俯冲带中的地震引发海啸

这类海啸与环太平洋地震带密切相关。有的地震发生在两板块之间，有的地震发生在下降岩石圈内部。地震按一定的深度、宽度和角度形成了贝尼奥夫带。该带从浅到深，在不同的地区地震分布的均匀程度是不一样的。有的地区倾斜较缓，有的地区倾斜较陡，甚至达到 90°。由浅入深也不是按同一个角度向同一个方向倾斜，其倾斜角度是多变的，因此其形态各异。太平洋东岸的贝尼奥夫带的倾角较缓，为 10°～30°，且地震延续的深度达 15°～29°。而太平洋西岸的贝尼奥夫带倾角较陡，一般为 60°～70°，最陡者达 90°。按照不同性质的板块与板块接触可分三种类型：

（1）洋岛俯冲型。

即日本型贝尼奥夫带，海洋板块向岛弧俯冲，形成了大洋板块按 30°～45°倾角向大陆汇聚。地震分布比较连续，由大洋向大陆呈现很有规律的地质现象。即海沟、非火山岛弧、火山岛弧、边缘海。沿该带自北而南深海

沟有，千岛海沟深 8534 ~ 10 542 米、日本海沟深 10 554 米、伊豆海沟深大于 10 000 米，浅、中、深源地震均有分布。这种类型俯冲带，由于两板块相交角度小，上下层板块之间耦合很好，可以形成大的不稳定滑坡体。故这一带发生的地震，容易引发海啸。如 1952 年 11 月 4 日千岛群岛 8.2 级地震，1896 年 6 月 15 日和 1933 年 3 月 2 日于日本三陆先后发生的 7.5 级、8.5 级地震，1952 年 3 月 4 日，日本十胜 8.3 级地震都引起海啸。尤其在三陆海啸中，沿岸全部人死亡的村庄就有好几个。此外，在日本关东地区东南部海域、本州南岸、琉球列岛等地都发生过大小不等的地震海啸。

（2）洋洋俯冲型。

即马里亚纳型贝尼奥夫带，无岛弧，主要是两海洋板块互相接触，接触处为深海沟，沟深 11 022 米。贝尼奥夫带倾斜度大于 45°，甚至于达90°，如马里亚纳型的贝尼奥夫带、克马德克贝尼奥夫带，浅部震源机制解主张应力轴平行下降岩石圈板块倾斜的方向，而深部震源机制解主压应力轴平行下降岩石圈板块倾斜的方向。这种俯冲型海沟部位出现引张现象。上下层板块之间耦合很差，或者实际就未耦合，由于两板块耦合很差，加之角度又陡，不易形成大的不稳的滑坡体，故不易引发海啸。

（3）洋陆俯冲型。

即太平洋板块向美洲板块俯冲，形成了智利型的贝尼奥夫带。地震震

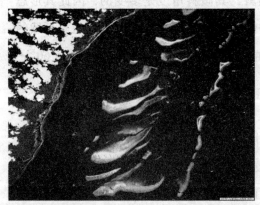

源机制解为混合型，即浅部震源机制解主张应力轴平行下降岩石圈板块倾斜的方向，而深部的震源机制解主压应力轴平行下降岩石圈板块倾斜的方向，如智利型的贝尼奥夫带、秘鲁贝尼奥夫带。这种类型俯冲带没有边缘

海。形成了大陆边缘弧，安第斯山最为典型，同时形成了深达6866米的秘鲁海沟和7973米的智利海沟。海沟部位出现挤压现象，海洋板块向大陆俯冲的角度较缓，上下层板块之间耦合是强耦合，易产生大型的滑坡体，一旦发生大震，就易引发滑坡体的滑动，进而引发海啸。其中，1746年10月28日在秘鲁发生烈度为X度的地震，出现海啸，地震与海啸造成18 000人死亡。1960年5月22日智利发生8.9级地震，引起大海啸，席卷太平洋两岸，不仅给南北美洲沿岸带来灾难，而且对太平洋对岸的菲律宾和日本造成极大的破坏。1979年12月12日，在厄瓜多尔发生7.9级地震，引起海啸，地震与海啸造成600人死亡。2001年秘鲁南部海啸是由8.4级的强烈地震引起的，致使秘鲁Caman市的20人丧生，数千幢建筑物被摧毁。地震引发的海啸同样袭击了夏威夷、日本和智利。2010年2月27日，在智利康赛西普西翁发生8.8级地震，不久又发生多次6级余震并引起不大的海啸。

2. 弧后盆地型的地震引发海啸

边缘海或称弧后盆地，一般认为是大洋下降岩石圈板块向大陆板块俯冲，形成岛弧，其后由于引张而成，如日本海。也有相对俯冲而形成的，如中国南海。

（1）日本海型的边缘海。

一个典型的弧后盆地是太平洋西侧由日本列岛、库页岛及俄罗斯东部沿海、朝鲜半岛所包围的鄂霍茨克海、日本海。海深达3000～4000米。这类边缘海是剪切—拉张型的洋壳地堑。构造运动以海底多轴扩张为主，地堑受岩石圈断裂控制，地壳厚度5～10千米，形成菱形、三角形、多边形小洋盆，较高热流值，高值布格重力异常，磁异常条带明显或不明显，盆地内的构造线，沟弧系近于直交，有较薄的深海沉积，以蛇绿岩建造为特征。地震类型有走滑型、正倾滑型，间而有逆倾滑型。由于靠岛弧一侧，构造活动强烈。

水下地形较陡，易孕育滑坡体。故岛弧西侧发生强震，有时就引发海啸。据不完全统计，从古代到 1983 年为止，日本发生过 28 次地震海啸。最有影响的是 1741 年渡岛大岛伴有火山喷发引起的海啸，1833 年山形县近海的地震海啸和 1983 年日本中部地震海啸，这三个可称为日本海的三大海啸。1940年神威海角近海地震海啸和 1964 年新潟两次地震海啸是仅次于上述三大海啸的次级海啸，在能登半岛、隐岐群岛、朝鲜半岛的江原道等地可以找到它们的遗迹。

（2）中国南海型的边缘海。

此种边缘海是由挤压型过渡壳地堑所组成。构造运动表现为海底下沉，侧向挤压，掀斜块断运动。区域应力场从拉张转向挤压出现海沟和反向俯冲带，以及向边缘一侧凸出的岛弧。

从陆向海的剖面顺序即由东而西是吕宋岛弧、吕宋海槽、马尼拉海沟、南海中央海盆。

西吕宋海槽断堑长 220 千米，宽 55 千米，水深 2230～2540 米，断堑东侧为平行吕宋的西海岸、位于陆架和上陆坡，具有正重力异常（+150mgal）基底隆起；西侧以南北展布的断垒构成的美岸脊与马尼拉海沟断堑带分开。西吕宋海槽断堑被 75mgal 自由空间异常等值线封闭，最低负异常达值 –145mgal；而美岸脊为正的自由空间异常圈封，异常值为 +5～+75mgal，磁异常在海槽内为宽缓正异常，磁性基底埋深 3～4 千米，地震折射表明具有 4 千

米厚的沉积物，其速度值为 2.1～2.5 千米/秒推测为新近纪，其下基底速度为 4.4 千米/秒。

马尼拉海沟断堑带位于南海中央海盆和吕宋弧前断褶带之间，呈南北向展布，向西凸出的深槽

地，管事滩以南海沟沟底宽 10 千米，地形平坦，水深 4800～4900 米。沉积物厚 2 千米，产状近水平，深层向东倾斜。马尼拉海沟是明显受正断裂控制的断堑槽地，海沟东侧为美岸脊断垒，海沟西侧为南海中央海盆，洋壳呈阶梯状向沟底断落。海沟为负自由空间异常，近轴部最小值为 80mgal，磁异常与海底地形和基底起伏无明显直接关系，其走向不平行海沟，幅度在近海沟轴部变化相当大。海沟西侧为洋壳，层 2 在海沟处，从中央海盆的 1.6 千米，增至 2.0 千米，层 3 在中央海盆的厚度为 3.4～4.0 千米，接近海沟有减薄的趋势。马尼拉海沟地震震中大量分布在海沟东侧西吕宋海槽北部和民都乐一带，即马尼拉海沟的南北两个凹入角附近，震源深度一般小于 100 千米，大于 100 千米的地震大多数围绕塔尔湖分布。

吕宋海槽断堑和马尼拉海沟断堑带，断堑两侧与海底地形反差较大，易孕育滑坡体，若发生强震，很易引发海啸。查菲律宾地震资料，菲律宾自1627—1991 年曾经发生过 20 次地震海啸。尤其是吕宋岛西 1934 年 2 月 14 日发生的 7.9 级地震，震源深 25 千米和 1983 年 8 月 17 日发生的 6.5 级地震，震源深 29 千米，都引发了海啸，对菲律宾造成了一定的破坏。

3. 地中海型的地震引发海啸

地中海，位于欧、亚、非三大洲陆地海岸的环抱之中。如果没有西面的直布罗陀海峡与大西洋相连。它就是个典型的内陆海了。地中海东西长约4000 千米，南北最大宽度约 1800 千米，总面积为 251.6 万平方千米，平均水深为 1491 米，是世界上最深、最大的陆间海。从历史上看，意大利南部沿海地区曾经历过数次地震和海啸袭击。其中最严重的是 1908 年发生在墨西拿

海峡的特大地震引发的海啸，给周围数十个城市和村镇造成重大人员伤亡和财产损失。除南部卡拉布里亚大区、西西里岛之外，撒丁岛也处于海啸发生的危险地区，因为这些地区的地理特点构成了引发海啸的有利条件。希腊特别容易受到地震活动冲击，欧洲的地震有一半都集中在该国发生。

大西洋与欧亚大陆西岸交界地段，实际上是地中海—阿尔卑斯东西向构造向西的延伸，如 1755 年葡萄牙里斯本地震与海啸就是发生在葡萄牙大西洋沿岸南端圣维生特角（St. Vincent）南西方向约 200 千米海底发生 XI 度（8级）大震后引发的海啸，给欧洲带来巨大灾难。

第二章
地震与海啸

地球结构概述

地球的内部构造

众所周知，绝大多数的海啸都是由地震引起的。因此，要想了解海啸，首先要了解地球内部构造及板块构造学说。地球内部构造直接用肉眼或者一些简单的器械是观测不到的，有关地球内部的构造都是间接得到的。地球内部是同心球状的分层结构，那么地球内部的结构是怎样得到的呢？

研究地震时得到地球内部的构造是一种行之有效的方法。当地下断层地方突然发生移动而产生地震时，震源周围就会产生地震波。地震波跟石块投入水中产生水波的原理是一样的，用地震仪测量地震波，正是在对地震波的观察、测量、分析中得到地球内部结构的信息。

根据地球的质量、形状及大小，可以计算出地球的平均密度为5.5克/立方厘米，但是，地表物质的密度小

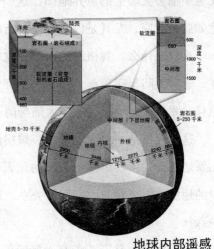

地球内部遥感

于 2.7 克/立方厘米，由此可以推断出，地球内部物质的密度比 5.5 克/立方厘米大。陨石有铁陨石和石陨石之分，而且地球有明显的内部磁场，因此，可以推断，地球内部有一个铁质内核。

根据地震波在地球内部传播显示的特点，说明地球内部可分为三个部分：地壳、地幔、地核。

地球板块学说

所谓学说，就是学术上有系统的见解或主张。关于地球板块的学说，有很多种，从"大陆漂移学说""海底扩张学说"到"板块构造学说"等。

"大陆漂移学说"：魏格纳是一个从小爱好幻想和冒险的人，他把他的一生都奉献给了他喜爱的事业。1880 年 11 月 1 日，魏格纳出生在德国柏林，1905 年，25 岁的魏格纳获得了气象学博士学位，1906 年，加入了从事气象和冰川调查的探险队。

"大陆漂移学说"缘于 1910 年的一天，魏格纳因为生病留在家中休息，无意中他瞥见墙上的世界地图，这一瞥却有了惊人的发现，大西洋两岸轮廓竟如此相对应，尤其是巴西东端突出部分与非洲西岸凹入部分非常吻合。

这代表什么？魏格纳的头脑中立即出现了一幅情景：很久以前没有大西洋，非洲大陆与南美洲大陆是一个完整的大陆，慢慢地它们开始破裂，开始漂移，才形成了今日的非洲大陆与南美洲。

这不仅仅是一个突发奇想，魏格纳开始查阅资料，他分析了大西洋两岸山系地层，并考察了几个大洲的化石，其中有相同的植物，惊奇地发现这两岸的地层不但有着非常密切的关系，还似乎证明了几大洲上曾经生长着茂密的森林。

看起来"漂移"学说毫无疑问了，于是魏格纳编著了一本叫《海陆的起源》的书，该书于 1925 年出版。虽然这个学说在当时引起了很大的轰动，但大多来自于负面，地学界攻击嘲笑魏格纳的天真，因为没有人能解释大陆分裂和漂移的动力来源于何方。很快"大陆漂移学说"销声匿迹。

魏格纳并没有放弃，他仍然为之努力奋斗着。在 1930 年第三次深入格陵兰岛考察时，年仅 50 岁的魏格纳不幸长眠于冰天雪地之中，直至第二年夏天他的遗体才被发现。

但是"大陆漂移学说"仍然是历史上一颗璀璨的明星，沉寂多年后，随着科学的不断发展和进步，到了 20 世纪 50 年代，终于被证实，地球上的大陆的确发生过大幅度漂移，而且这种运动至今仍然在持续。例如，美国自 1776 年独立以来，已经移离英国 5 米，而且正在以每年 2 厘米的速度继续移离英国。

科学家们以"大陆漂移学说"为基础提出了"海底扩张学说"和"板块构造学说"。

"海底扩张学说"：随着科学技术和测量技术的提高，美国人赫斯和迪茨提出了"海底扩张学说"。

在第二次世界大战结束后，科学技术开始迅速发展起来，人们的探究进一步延伸到了神秘的海洋，并发现了令地学界震撼的大洋中脊和地球磁场的奇异等。大洋中脊是一条贯穿大西洋、印度洋、太平洋及北冰洋中部，蜿蜒曲折延绵 7 万千米的中央海岭。大洋新生地壳存在的磁场方向与古地磁研究的地球磁场每隔几十万年发生倒转的现象是一致的。

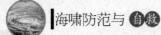

全球洋底地貌图

"海底扩张学说"的主要观点如下。

在大洋中脊地壳下有熔融的地幔，岩浆不断地涌上地面，再冷却成新的地壳，新的地壳将原有的地壳向两边推移，使整个海底以每年0.5～5厘米的速度自大洋中脊向两侧扩张。

当扩张中的大洋地壳遇到大陆地壳时，就会俯冲下沉钻入地幔中，并且熔融于地幔中，从而促使深海沟、岛弧或山脉的形成。现在我们看到的太平洋周围分布的海沟、岛屿和大陆边缘山脉就是这样形成的，然而这种过程也引发了火山、地震等灾害。

由此可以看出，海洋地壳是从大洋中脊处诞生，到海沟岛弧带消失，这样不断地更新，每2亿～3亿年就全部更新一次，海底岩石的年龄一般都不超过2亿年，平均厚度5～6千米。而大陆地壳就不同了，一般都比较陈旧，有的岩石已有37亿年的历史，且平均厚度35千米，最厚可达70千米以上。

但是，"海底扩张学说"只证明了岩浆从大洋中脊冒出是造成海洋地壳扩张的原因，却没有指出海洋地壳与陆壳移动的动力来源。

"板块构造学说"："板块构造学说"是"海底扩张学说"的延伸，它的降临解开了地球大地活动的谜团，且现在已经被普遍接受。

"板块构造学说"是法国地质学家勒比雄与麦肯齐、摩根等人于1968年提出的。

随着科学的发展，更多的海洋与地层结构资料被积

累充实起来。更大的突破在于发现了具有黏滞、流动性的"软流圈",因为有软流圈的存在,使岩石圈板块在流质的软流圈上滑动,从而在那个时期初步解释了"大陆漂移学说"中的动力来源问题。但随着科技的发展,科学家们进一步发现,大陆漂移的动力热源也来自地核,不仅仅是地核上面的地幔。

所谓板块构造,是指全球岩石圈,这个岩石圈厚50～150千米,且下面有流质的软流圈,它不是一个整体,而是分为太平洋板块、欧亚板块、印度洋板块、非洲板块、南极板块、美洲板块6大板块,这就是板块构造。6大板块中只有太平洋板块几乎全是海洋,其余板块中大块陆地和大片海洋比重比较均匀。这6大板块又可分为12个小板块,例如,美洲板块分为南、北美洲2个小板块。这些板块是通过海岭、海沟、岛弧和转换断层等分界线来划分的。

海岭:是指大洋底狭长绵延的山岭。太平洋、大西洋和印度洋底都有海岭存在,其中在大西洋和印度洋中间有一条海岭,地震活动频繁,这条海岭呈平行状,中间有峡谷。

海沟:是指板块俯冲向下后,在交界处形成的深度超过6000米的海底狭长深沟。例如,位于北太平洋西部马里亚纳群岛以东的马里亚纳海沟,为一条洋底弧形洼地,延伸2550千米,平均宽69千米,上万米深,它就是海洋板块与大陆板块相冲撞而形成的。

岛弧:板块在俯冲时因板块受热熔融,岩浆在板块缝隙处上升到地表,从而形成岛弧。

转换断层:是指将大洋中脊切成许多小段的横断层,这种断层不是简单的平移断层,除了平移错动之外,它还向两侧分裂。

在板块内部地壳活动不是很活跃,相对稳定,而在板块与板块衔接的部分,则活动非常活跃,断裂、挤压褶皱、岩浆上升、地壳俯冲等频繁发生,所以是火山、地震等灾害的多发地。

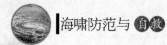

板块边界的三种状态

　　地质学家认为，板块是不变形、坚固的地壳，由于地下地幔缓慢对流作用，各板块以每年 1～10 厘米的速度在移动，大多数板块活动发生在两个板块的边界。板块之间可能产生相向运动，或者是反向运动，也可能彼此滑过。由此将板块边界运动分为三种状态：汇聚型板块边界、分离型板块边界和转换型板块边界。

　　汇聚型板块边界：这样的边界一般是海沟和岛弧，海洋板块俯冲到大陆板块下，这时候两侧岩石圈之间是相向运动，这样的边界称为汇聚型板块边界。

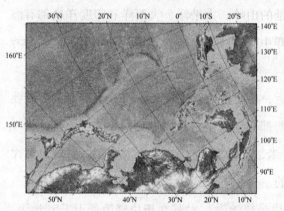

　　分离型板块边界：如我们提到的大洋中脊就是这种形式的板块边界，因岩浆上升形成的新地壳推移原有的地壳，使两侧的岩石圈向相背方向移动，这样的边界称为分离型板块边界。

　　转换型板块边界：例如，北美板块与太平洋板块间的圣安德列亚斯断层，两侧岩石圈呈相对平移运动，其间没有新地壳的产生，也没有冲撞和消减，这就是转换型板块边界。

板块构造学说的重要意义

"板块构造学说"现在已经被科学家们所接受，因为一方面用电脑已经把各个大陆很好地拼合起来，从而进一步证实了"大陆漂移学说"；另一方面，它很好地解释了火山、地震、地磁、山脉和裂谷等自然现象和自然地貌的形成，更说明了地球大洋中的中脊和裂谷、大陆漂移、洋壳起源等重大问题。但是，这并不是一个完美的学说，它仍然存在着许多不足和问题，例如，板块运动的具体过程、板块动力学如何确定、地球岩石圈的成型与演变过程如何等一系列问题都有待我们继续去探究。

地震的奥秘

地震现象简介

地震是大地发生强烈而突然的震动。地震发生时，时间非常短暂，瞬间即逝。一次大地震能释放出大量能量，并且会伴随强烈的断层错动和地面变形，在很短的时间内会造成巨大的损失。在很早之前，地震就引起了人们的高度重视。公元 132 年东汉张衡就发明了世界上第一架地动仪，并且在公元138 年成功预测了陇西的一次地震。

20 世纪 60 年代，板块构造学说发展起来，把地球上地震的地理分布和全球板块构造联系起来。板块与地震两种机制结合起来研究，加快了对地震成因的认识，推动了地震预测的发展。

震　源

震源：地震波发源的地方。震源在理论上抽象地表现为一个点，它实际是一片区域。

震源深度：震源到地面的垂直距离。震源深度小于 60 千米的地震，称为浅源地震（正常深度地震），世界上大多数地震都是浅源地震，我国绝大多数地震也为浅源地震。震源深度为 60～300 千米的地震称为中源地震。震源深度大于 300 千米的地震称为深源地震。目前世界上记录到的最深的地震，震源深度为 700 多千米。

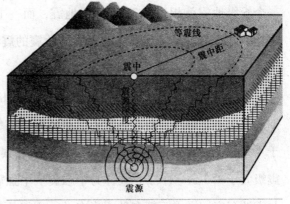

地震构造示意

同样大小的地震，震源越浅，所造成的破坏越严重。

震中：震源在地面上的垂直投影。

划分地震震级

地震有强有弱，如何划分地震的强度大小呢？科学家衡量地震强度大小有一把专门的"尺子"，这把"尺子"就叫做震级。震级与震源释放出来的弹性波能量有关，它可以通过地震仪器的记录计算出来，地震越强，震级越大。

我们以每次地震活动释放能量的多少来确定震级。我国目前使用的是国际上通用的里氏分级表作为震级标准，里氏分级表共分九个等级。在实际测量过程中，震级是根据地震仪对地震波的记录计算出来的。

震级通常用字母 M 表示，它与地震所释放的能量有关，是表征地震强弱的量度。你能想象一个 6 级地震释放的能量有多大吗？它相当于美国投掷在日本广岛的原子弹所具有的能量，是不是很可怕？震级每相差 1.0 级，能量就会相差大约 32 倍；每相差 2.0 级，能量就会相差约 1000 倍。换句话说，

53

一个 6 级地震就相当于 32 个 5 级地震，而一个 7 级地震就相当于 1000 个 5 级地震。目前世界上已发生的最大的地震的震级为 8.9 级，你可以想象它释放的能量有多大。

按震级大小我们可以把地震划分为以下几类：震级小于 3 级称为弱震。如果震源不是很浅，弱震一般不会被觉察。震级等于或大于 3 级、小于或等于 4.5 级称为有感地震。有感地震人们能够察觉，但是一般不会造成破坏。震级大于 4.5 级、小于 6 级称为中强震。中强震会造成破坏，但破坏程度还与震源深度、震中距等多种因素有关。震级等于或大于 6 级称为强震。巨大地震震级大于等于 8 级。震级越小的地震，发生的次数就会越多；震级越大的地震，发生的次数就会越少。一说到地震人们就会毛骨悚然，其实地球上的有感地震很少，仅占地震总数的 1%；中强震、强震就更少了，所以没必要杞人忧天。

地震烈度划分

同一次地震，在不同的地方造成的破坏也会不一样；震级相同的地震，造成的破坏不一定会相同。那我们用什么来衡量地震的破坏程度呢？科学家们又"制作"了另一把"尺子"——地震烈度来衡量地震的破坏程度。

地震在地面造成的实际影响称为烈度，它表示地面运动的强度，也就是我们平常所说的破坏程度。震级、距震源的远近、地面状况和地层构造等都是影响烈度的因素。同一震级的地震，在不同的地方会表现出不同的烈度。烈度是根据人们的感觉和地震时地表产生的变动，还有对建筑物的影响来确定的。一般情况下仅就烈度和震源、震级之间的关系来说，震级越大震源越浅、烈度也就越大。

一般情况下，一次地震发生后，震中区的破坏程度最严重，烈度也最高，这个烈度叫做震中烈度。从震中向四周扩展时，地震烈度就会逐渐减小。例如，1976 年河北唐山发生的 7.8 级大地震，震中烈度为 11 度；天津受唐山地震的影响，地震烈度为 8 度，北京市烈度为 6 度，再远到石家庄、太原等地就只有 4 ~ 5 度了，地震烈度逐渐减小。

一次地震与一颗炸弹爆炸后，近处与远处破坏程度不同的道理是一样的，炸弹的炸药量，好比是震级；炸弹对不同地点的破坏程度，好比是烈度。一次地震可以划分出好几个烈度不同的地区。

我国把烈度划分为 12 度，不同烈度的地震，其影响和破坏也不一样。下面我们来看看不同烈度的大致表现：

烈度小于 3 度人们感觉不到，只有仪器才能记录到；3 度如果在白天喧闹时也感觉不到，如果是夜深人静时人能感觉到；4 ~ 5 度吊灯会摇晃，睡觉的人会惊醒；6 度时器皿会倾倒，房屋会受到轻微损坏；7 ~ 8 度地面出现裂缝，房屋会受到破坏；9 ~ 10 度房屋倒塌，地面会受到严重破坏；11 ~ 12 度属于毁灭性的破坏。

地震分类

地震一般可分为人工地震和天然地震两大类。由人类活动如开山、开矿、爆破等引起的地表晃动叫人工地震，其余便统称为天然地震。天然地震按成

因主要分为以下几种类型：

构造地震：是由地壳运动引起地壳构造的突然变化，地壳岩层错动破裂而发生的地壳震动，也就是人们通常所说的地震。地球不停地运动不停地变化，从而使内部产生巨大的力，这种作用在地壳单位面积上的力，称为地应力。在地应力长期缓慢的作用下，地壳的岩层发生弯曲变形，当地应力超过岩石本身所能承受的强度时便会使岩层错动断裂，其巨大的能量突然释放，以波的形式传到地面，从而引起地震。世界上90%以上的地震属于构造地震。强烈的构造地震破坏力非常大，是人类预防地震灾害的主要对象。

火山地震：是指由于火山活动时岩浆喷发冲击或热力作用而引起的地震。火山地震一般较小，造成的破坏也极少，而且发生的次数很少，只占地震总数的7%左右。目前世界上大约有500座活火山，每年平均约有50座火山喷发。我国的火山多数分布在东北的黑龙江、吉林和西南的云南等省。黑龙江省的五大连池、吉林省的长白山、云南省的腾冲及海南岛等地的火山在近代都喷发过。

火山和地震都是地壳运动的产物，它们之间有一定的联系。火山爆发有时会引发地震，地震要是发生在火山地区，也常常会引起火山爆发。

陷落地震：一般是指因为地下水溶解了可溶性岩石，使岩石中出现空洞，空洞随着时间的推移不断扩大，或者由于地下开采矿石形成了巨大的空洞，最终造成了岩石顶部和土层崩塌陷落，从而引起地面震动。陷落地震震级都比较小，约占地震总数的3%。最大的矿区陷落地震也只有5级左右，我国就曾经发生过4级的陷落地震。陷落地震对矿井上部和下部仍会造成比较严重的破坏，并威胁到矿工的生命安全，所以不能掉以轻心，应加强防范。

地球上主要地震带的分布

地球上大多数地震都发生在呈带状分布某一特定的地区，我们把这叫做地震活动带。地震的分布是有规律的，世界上的地震主要集中分布在三大地震带上，即环太平洋地震带、地中海—喜马拉雅地震带（欧亚地震带）和海岭地震带。

环太平洋地震带：是地球上最主要的地震带，世界上80%的地震都发生在这里。它像一个巨大的环，围绕着太平洋分布，沿北美洲太平洋东岸的美国阿拉斯加向南，经加拿大本土、美国加利福尼亚和墨西哥西部地区，到达南美洲的哥伦比亚、秘鲁和智利，然后从智利转向西，穿过太平洋抵达大洋洲东边界附近，在新西兰东部海域折向北，再经斐济、印度尼西亚、菲律宾，我国的台湾省、琉球群岛，以及日本列岛、千岛群岛、堪察加半岛、阿留申群岛，回到美国的阿拉斯加，环绕太平洋一周，也把大陆和海洋分隔开来，环太平洋地震带地震释放的能量约占全球地震释放能量的76%。又因为该地震带多是火山群岛，因此也有人把这称为"火环"。

阿尔卑斯—喜马拉雅山地震带（欧亚地震带）：也叫做欧亚地震带。横贯亚欧大陆南部、非洲西北部地震带，它是全球第二大地震活动带。这个地震带全长2万多千米，跨欧、亚、非三大洲。

阿尔卑斯—喜马拉雅山地震带主要分布于欧亚大陆，从印度尼西亚开始，经中南半岛西部和我国的云、贵、川、青、藏地区，以及印度、巴基斯坦、尼泊尔、阿富汗、伊朗、土耳其到地

世界火山和地震带分布

中海北岸，一直延伸到大西洋的亚速尔群岛。这个地震带释放的能量约占全球所有地震释放能量的22%。

中国正处于环太平洋地震带与阿尔卑斯—喜马拉雅山地震带，这两个地震带都是十分活跃的地震带，同时又都位于几大板块的边缘，受太平洋板块、印度板块和菲律宾海板块的挤压，地震断裂带十分发育，主要地震带就有23条，这里最常发生破坏性地震和少数深源地震。

海岭地震带：也叫做大洋中脊地震带，沿着大洋中脊分布在太平洋、大西洋、印度洋中的海岭（海底山脉），强度一般都不大。还有，贝加尔湖，东非、西欧、北美，中国东部裂谷系，有时也有强烈地震。

可以引发海啸的地震

海啸一般是伴随着地震的发生而发生，但并不是所有地震都会引发海啸。地震不只发生在海洋，也发生陆地。通常情况下，只有发生在海洋中的地震才可以引发海啸。

地质学界有种说法："有地震必有断层"。我们前面介绍的三种板块边界状态，都会产生断层，但出现的结果并不相同，应该说，只有汇聚型板块边界发生地震时，才容易产生海啸。因为分离型是平拉开，转换型是平推，不会对海水水体产生很大的提升或压迫作用。但是，这只是我们的主观分析，这些状态并不像我们想象的这么简单。重要的是，是否对海水有"升、降"作用。

据统计，全球有记载的破坏性地震海啸约发生260次，其中，约有85%的地震海啸分布在太平洋的岛弧—海沟地带，这一地区正是汇聚型板块俯冲向下的地区。但是，向下俯冲过程中，过程顺利的话，沿断层自由地缓缓滑动，也不会引发海啸。

地震海啸的研究

由地震而引发的海啸，其破坏力是相当惊人的。比如，1896 年发生在日本三陆的近海地震伴生的海啸，形成几十米高的海浪冲上沿岸陆地，造成 27 122 人丧生。

地震海啸不仅在震中区附近造成破坏，有时还会波及几千米以外的地区，让人防不胜防。1960 年智利 8.9 级大地震，波及遥远的日本和美国，并造成相当大的破坏。在日本，海啸浪高 20 米，将一条渔船抛到岸上压塌了一栋民宅。

2004 年发生在印度尼西亚海域的 8.9 级大地震，人们至今还记忆犹新。这次地震直接造成的死亡人数只有数千人，但这次地震引发的海啸却波及整个印度洋沿岸，造成包括印尼、印度、泰国、缅甸、斯里兰卡、马来西亚、孟加拉国、马尔代夫等国家，超过 30 万人丧生。

海啸造成的巨大危害严重影响了海洋沿岸居民的正常生活，并造成越来越严重的经济损失。1883 年喀拉喀托火山爆发引起的大海啸，使人们越来越深刻地认识到海啸的危害，促使人们更加重视海啸的研究。此后的理论研究内容包括四个方面：海啸的产生原理，海啸在大洋中如何传播？海啸在近岸带中如何传播？海湾内和大陆架上的海啸动力学研究。

下面我们就简单了解一下地震海啸的研究概况及结果。

19世纪初,法国数学家提出求解小振幅波的初值问题。小振幅是海啸波的特点,波面起伏不大。这项研究为海啸研究奠定了理论基础。

从20世纪50年代开始,科学家对海啸作了多方面的试验研究。

将海啸发生区域按比例缩小在大型水槽中进行物理模拟试验。

数值模拟:数值模拟也叫计算机模拟。它以电子计算机为手段,通过数值计算和图像显示的方法,达到对工程问题和物理问题乃至自然界各类问题研究的目的。

人工海啸试验:在外海的水上或水下爆炸进行试验。

海啸的危害主要在于海啸登陆时对沿岸居民及设施的破坏。但是,如果海啸在深海传播时,由于波高和波长之比很小,周期会比较长,因此,船舶行驶在海啸波传播的海面上,对船舶不会造成破坏,船舶也难以察觉到海啸波。所以在海啸发生时,船要离港离岸,驶向外海才能有效地避开海啸的危害。

海啸的发展,受多方面因素的影响,比如,其发源地的特性和几何特征、海底变形的大小、地震的持续时间和强度等。

通常情况下,海啸发源地的海底断层呈狭长带状。海中的山脊都是引导或约束海啸波传播的地势,这种地势有利于海啸波能量显著集中从而使波高

增大,所以能量辐射的方向性表现得特别明显。另外,海啸波在传播过程中如果遇到海岸边界、海岛、半岛、海角等障碍物时就会发生绕射。海啸进入湾内后,波高会急剧增大,尤其是在三角形或漏斗形的湾

口处更是如此，这时在湾内的最大波高通常为海湾入口处的 3 ~ 4 倍。海啸波在湾口和湾内会反复反射，诱发湾内海水的固有振动，造成波高激增，这时可能会出现几十米的大波和波峰倒卷。

地震与海啸的关系

地震不是引发海啸的充分条件

充分条件是指：有了它一定有某个结果，没有它不一定没有这个结果。海底发生地震，却不一定引发海啸。据中国地震局统计，海底每发生 15 000 次地震，仅引发 100 次海啸；又据 1900 年以来资料，地球上平均每年发生 1 次 8.0 级或 8.0 级以上的大地震，而在 10 次这样的地震中大约只有 1 次引发海啸。2004 年 12 月 26 日苏门答腊—安达曼 9.0 级特大地震（美国测定震级）引发特大海啸，而在其东南 200 千米的苏门答腊明打威群岛北部于 2005 年 3 月 28 日发生 8.7 的级特大地震（美国测定震级）却没有引发海啸或引发很小的海啸。设在夏威夷的太平洋海啸警报中心随即发出海啸警报，而几个小时后，数个国家解除了海啸警报。几乎在同一海域，又都是 8 级以上的大地震，为何前者引发海啸，后者就不引发海啸。类似的震例还有：2006年11月15日，在日本首都东京举行的新闻发布会上，日本气象厅15日宣布，千岛群岛附近当地时间晚8时15分左右（北京时间晚7时15分左右）发生里氏8.1级强烈地震。此次地震的震中为择捉岛东北偏东390千米处，震源深度约为30千米。地震发生以后，日本气象厅向日本北部海岸地区发出海啸警报。日本气象厅在一份声明中说，第一波抵达北海道的海浪高度仅为40厘米，于21时29分左右抵达北海道根室港。NHK电视台从根室港传回的现场画面显示，当地海面十分平静。显然，海啸没有发生。据统计，设在夏威夷美国太平洋海啸预警中心从1948年开始到1996年，一共发布20次海啸预警，其中15次是假警报，实际没有发生海啸，5次是真警报。由此可知，有些地震可引发海啸，多数地震不引发海啸。因此，地震不是引发海啸的充分条件。

地震也不是引发海啸的必要条件

必要条件是指：没有它一定没有这个结果，有了它不一定有这个结果。显然，不发生地震，如前所述，一样因陨石坠落、海底滑坡、海岸崩塌、火山爆发，甚至核爆炸而引起海啸。因此，地震也不是引发海啸的必要条件。

由此来看，地震引发海啸既不满足充分条件，也不符合必要条件，因此，地震与海啸不存在直接的因果关系。

地震引发海啸的充要条件

从上面的论证得知，地震与海啸不存在直接因果关系，引发海啸的地震，不论震级大小与震源深浅，也不论震源机制类型，只要能触发足够大体积的、

突然的海底滑坡或（和）海底、海岸崩塌，就可引发海啸。因此，引发地震海啸（特别是大的地震海啸）的直接原因，主要是海底地震所造成次生的巨大体积的海底滑坡和崩塌。而不是海底地震时海底地面的同震错断与变形。

实证1：1963年2月2日，在希腊附近的科林斯湾发生了小地震，触发了海底山崩引起了海啸，造成一定的损失。

实证2：1958年7月9日，美国阿拉斯加发生强烈地震，里图雅湾岸坡发生滑坡，约3050万米土石滑入海湾激起巨大涌浪，滑坡区对岸浪高52米，冲毁森林10千米，停泊在海湾口的两艘渔船沉没。

实证3：2004年12月26日，苏门答腊—安达曼特大地震引发特大海啸，同样也是地震引起大体积的滑塌，由滑塌引起深海水体的巨大扰动而激发海啸。

英国皇家海军"斯哥特号"调查船是在这次地震发生后一个月进入苏门答腊海域，使用高清晰度的多束激光声呐对海底进行了扫描。英国的海洋学家和地质学家参与了这项调查。英国科学家公布了2004年12月亚洲大地震引发海啸造成海底地质变化的图像。苏门答腊附近海底活动剧烈。震中海床升起十几米，沿印度洋与苏门答腊之间的海底山脉，出现了高100米、长达2千米的滑坡。

2005年3月28日，日本海洋研究开发机构公开了在印度尼西亚苏门答腊岛附近海域进行紧急海底调查的初步结果，得到约4000千米海域的高精度海底地形图。根据对海底地形图的分析和深海无人探测器探测，发现主要有三条逆冲断层，其中靠岛侧的一条这次破坏活动最为强烈。直视摄像在水深约2300米海底，发现了延续约45千米的大规模龟裂和崩落。

不论是英国皇家海军"斯哥特号"调查船使用高清晰度的多束激光声呐对海底进行扫描的结果，还是日本海洋研究开发机构进行紧急海底调查的初步结果，都反映这次2004年苏门答腊岛9.0级地震，产生了大规模的断裂、龟裂、崩落和滑坡，进而引发了特大的海啸。

从上述 3 个实证来看，地震海啸，实际是地震引起滑坡和崩塌，然后由滑坡和崩塌引起海水扰动而激发海啸。显然，如果海底或（和）海岸存在不稳定滑坡体和崩塌体，只要发生地震，地震的震动和断层错动就能触发海底滑坡与海岸崩塌，进而引发海啸。

可以设想，地震引起滑坡和崩塌，然后由滑坡和崩塌引发海啸，大致经过 3 个阶段。

阶段 1：地震发生前，海水面上只有正常的波涛起伏，一般显得风平浪静。地震发生时，产生的地震波，在岩石中以 6.5 千米/秒的速度传播，在海水中以 1.5 千米/秒的速度传播，震中附近海面因地震产生的纵波而引起海面的震荡。

阶段 2：震中附近已存在不稳定的滑坡体和崩塌体。当地震波传到滑坡体和崩塌体，或地震引起滑坡体和崩塌体中的断层错动。促使滑坡体和崩塌体向洋或向下降岩石圈板块俯冲相反的方向运动将水体挤向空中，引发海啸；两岸浅海的水体向产生海啸源的地段汇聚，因此，出现两岸的退潮现象。在

印度洋海啸中，一位英国的小女孩，在接受科普教育时记住了这一现象而发出了海啸警报，拯救了沿岸度假的游客，成为拯救数百人生命的"小天使"。

阶段3：海啸波形成后，传向四面八方。在深水传播中因是重力长波，振幅小，海浪不大，航船无感觉；当海啸波传到浅海和滨海时，由于海水突然变浅，海浪不断叠加转变成巨浪，摧毁海岸的一切。

海底地震能否引发海啸，不在于震级大小、震源深浅、震源类型如何，而在于震源附近的海底是否存在不稳定的海底滑坡体与崩塌体。若存在，则会引发海啸；若不存在，再大的地震也不会引发海啸。在不稳定的滑坡体和崩塌体存在的前提下，震级小，引起小规模的滑坡和崩塌，进而引起小海啸。若震级大，不但可引发大规模的不稳定滑坡体和崩塌体的滑动和崩塌，也可引发不太成熟的滑坡体和崩塌体产生滑动和崩塌，进而引发大海啸。由此，可以得出结论：海底滑坡体与崩塌体的存在是引起海啸的充要条件，存在因果关系，而地震只是起到一个触发作用。

地震海啸的产生条件

地震海啸的产生需要达到一定的条件，在一般情形下主要包括以下五个条件。

地震发生的形式

只有发生了一侧岩石圈俯冲于另一侧岩石圈之下形式的地震才可能引发海啸。

能够引发海啸的地震需要有一种能量能把大量海水突然抬起或大量海水突然下降，然后扩散至周围，形成

整体海水（从海面到海底）的波动。2004年的印度洋大海啸就是海底突然下陷而引发的地震海啸。位于苏门答腊岛西南岸处的地震震中位于欧亚板块的南部边缘，印度洋板块沿印度洋东北缘的爪哇海沟俯冲于苏门答腊、爪哇等岛屿之下，其下沉速度是很缓慢的，大约是一年6厘米，按说这样的速度不会引发地震的产生。巧合的是，在深5～50千米的一段断层带，上下两侧板

块紧紧地耦合（物理学上指两个或两个以上的体系或两种运动形式之间通过各种相互作用而彼此影响以至联合起来的现象）在一起，使这个断层带卡死了。在北移的印度洋板块挤压下断层上方的苏门答腊西南缘一带，年复一年，积聚起越来越大的应变能，就像一块木板被两端向中间弯曲用力。当力量累积、岩石弯曲程度增大到岩石无法承受时，这段被锁住的断层突然断开，出现错动，苏门答腊西南地块反弹回原来位置，这就造成了一场可怕的地震海啸灾难的来临。这也是"弹性回跳说"的具体体现。根据印度尼西亚官方资料记载，2005 年一年之内这一地区发生的地震达到 8893 次之多！震级一般都在里氏 4.5～6.8 级，其中 4 月是最频繁的月份，共发生 1142 次。以上数字可以看出，靠近苏门答腊沿海的一条地质断层带的地质活动是多么活跃，因此地震频繁发生。

地震震级足够

这是一个地震释放能量的问题，震级太小的地震不足以引起海水整体波动或引起的波动能量不够大，因此一般不会引发海啸。通常情况下，震级在 6.5 级以上才会形成海啸；在一些特殊情况下，小震级地震也能引发海啸，但可能性很小。形成大规模海啸必须要达到足够的震级。

海水要有足够的深度

地震发生点的海域，其深度达到几百米甚至几千米时才可能引发海啸。只有引起深达几百、几千米的海水整体（从海面到海底）波动，这样的能量才能引起巨大破坏力。也就是说，小于几百米的浅水处发生地震引发海啸的可能性很小。

地震的震源深度要小

震源小于 60 千米的地震被称为浅源地震。一般情况下，只有在海底发生浅源地震，才会形成地壳及海水的重大变化。所以一般震源深度小于 60 千米的地震才会引发海啸。但震源深度同样不是造成地震引发海啸的决定因素，和震级一样，在一些特殊情况下，震源深度大于 60 千米，依然有可能引发海啸，但这种可能性较小。

海底与海岸的地形条件

前面已经讲过，地震引发海啸以后，海啸在大海中传播时，虽然能量巨大，但这时海水整体传播，能量分散至广阔无边的海面上，海上行驶的船舶甚至觉察不到海啸的存在，也不会对船舶造成损坏。但是，一旦海啸进入地形较狭窄的湾口、港口时，能量集中在一起而得不到分散，就会形成十到几十米高的"水墙"，并冲向海岸，对沿岸的村落、居民、建筑、各种设施，以及湾内的船舶等造成巨大的伤害。不过，如果在离海岸很远处，比如，几百千米以外时，海底地形就开始有了变化，海水逐渐变浅，对海啸的能量提前造成损失，它到了岸边能量几乎消耗殆尽，也就没有什么破坏力了。这就是地形的影响。

地震海啸中的地震对海啸的影响

海啸与震级的具体关系

在一般情况下，6.5级以上地震才能引起海啸，这是基于地震释放的能量的考虑。但是海啸与地震震级并不存在必然关系，也有一些特殊情况下，较小震级的地震引发海啸。当地震震级达到7~8级时，释放的能量比较大，引发的海啸比较多，也比较大，这属于一般情况。但是，释放能量小的小震级地震在特殊情形下一样可以引发海啸。如1909年5月11日，法国南海岸发生4.0级地震引发海啸，死亡40人，造成中等经济损失。1956年11月2日，希腊沃洛斯—阿格里亚5.7级地震引发海啸，损失轻微。1967年8月13日，巴布亚新几内亚6.2级地震引起海啸，损失严重。1984年1月8日，印度尼西亚苏拉威西西部5.9级地震引起海啸，死亡2人。更令人惊讶的是1963年2月7日，在希腊附近的科林斯湾发生了一次奇特的海啸，是由5天前的一次小地震触发了海底山崩引起的海啸，也造成一定的损失。由此来看，地震不一定引发海啸，引发海啸的地震也不一定要达到6.5级。因此，在研究地震震级与海啸的关系时，应该区分具体的条件。当然，小地震不会引发大规模的海啸，这是肯定的。为何小地震也会引发海啸呢？这是因为还有其他的一些因素在起作用。

地震海啸与地震类型的关系

一般认为，只有倾滑型地震才能引发海啸。其理由是，因为倾滑型地震会造成断层垂直错动而引起海水上下扰动，从而引发海啸。而走滑型地震不引起海啸，因为断层水平错动，不会引起海水上下位移变化。事实上，在一些具体情形下，倾滑型地震不一定引发海啸，而走滑型地震也不一定不引发海啸。

倾滑型地震不一定引发海啸

海底地震大部分发生在俯冲带，而俯冲带恰恰是大洋板块向大陆板块俯冲聚敛的地段，易产生倾滑型地震（严格来看，俯冲带的地震不是真正倾滑型地震，因其 P 轴是倾斜的，大致与俯冲带倾斜度接近）。大多数倾滑型地震都不引发海啸，只有少数引发海啸。据统计，海底每发生 15 000 次地震，仅引发 100 次海啸。这些地震绝大部分都发生在环太平洋地震带，而发生在该带上的地震又大多为倾滑型地震。

从两次苏门答腊地震的震源机制解来看，它们都是缓倾角的倾滑型断层。2004 年 12 月 26 日，苏门答腊—安达曼发生 9.0 级地震，节面 1：走向 329°，倾角 8°，滑动角 110°。苏门答腊明打威群岛北部于 2005 年 3 月 28 日，发生

同样的 8.7 级地震，节面 1：走向 329°，倾角 7°，滑动角 109°。这两次地震震源机制解完全相同，恰恰反映了它们的大地构造性质是类似的。它是由印度洋板块以每年 6 ~ 7 厘米的速率，按 N23°E 方向与缅甸微板块作斜向聚敛俯冲。但地震并不是发生在两板块的边界，而是发生在下降岩石圈板块内部。如果前者引起特大海啸，而后者却未引起海啸（有的报导有一点微海啸），这也反证了倾滑型地震与海啸没有因果关系。因此地震不直接引发海啸，而是因为地震的强烈震动和断裂突然错动，引起巨大体积的海底滑坡和崩塌。由此间接引发海啸。

走滑型地震不一定不引发海啸

众多研究地震海啸的学者认为，走滑型地震只有断层水平错动，没有断层垂直位移。不激起海水上下扰动。故不引发海啸。而事实是也有一些走滑型地震一样引发海啸。下面例子就是如此：

（1）1994 年 11 月 15 日，在菲律宾民勤洛岛发生 Mw（矩震级）7.1 级

地震，引发海啸，死 33 人，伤 70 人，造成一定的经济损失。它是一个典型的走滑型地震。节面 1：走向 339°，倾角 70°，滑动角 178°；节面 2：走向 249°，倾角 88°，滑动角 20°。节面 1 与马尼拉海沟平行，北西向马尼拉断裂作右旋错动。

（2）2005 年 6 月 15 日，在美国加利福尼亚发生 Mw7.2 级地震，引发海啸，在克里塞梯城观测到 20 厘米高的海啸。这次地震是一个典型的走滑型

地震。节面 1：走向 317°，倾角 83°，滑动角 175°；节面 2：走向 47°，倾角 85°，滑动角 47°。

走滑型地震反映地震断层沿走向滑动，断层两边沿走向作水平错动，按理不易引起海水扰动，但为何也会引发海啸呢？显然，是另一因素在起作用。

当然，以上观点仅属编者个人看法，目前普遍观点还是认为在于海水较深。海底地形较陡，常发生 6.5 级以上地震，且多为倾滑型地震的情况下，比较容易引发海啸。

引发海啸的地震与震源深度的关系

关于引发海啸的地震的震源深度，一般认为近 50 千米。据统计，1900—1990 年有仪器记录的引发海啸地震的震源深度，共 140 次。在海中或海岸附近不同震源深度的地震都可引发海啸，最浅的是 1~10 千米的地震，引发了 18 次海啸，占总数的 13%；其中最浅的地震，震源深度为 1 千米，于 1968 年 8 月 10 日发生在印度尼西亚马古鲁群岛的 7.6 级地震引发海啸。震源深度大于 60 千米的只有 8 次，占总数的 6%，最大深度是 120 千米；于 1960 年 1 月 13 日发生在秘鲁阿雷基帕的 7.5 级地震引发海啸，死 9 人，造成严重经济损失。而引发海啸最多的震源深度是 21~30 千米，次数是 43 次，占总数的 31%。如果将 21~30 千米、31~40 千米两个震源深度档次引发的海啸次数相加，则为 71 次，占总数的 51%。显然这个深度是地震引发海啸的最佳深度，也是破坏性地震多发深度。由此可见，1~120 千米深度发生的地震都可能引发海啸，而 21~40 千米深度发生的地震，引发海啸最多，而不是 50 千米。

地震海啸的分类

海啸可分为气象变化引起的风暴潮、火山爆发引起的火山海啸、海底滑坡引起的滑坡海啸和海底地震引起的地震海啸四种类型。其中地震海啸在发生地震时，海底地形的变动有两种形式："下降型"海啸和"隆起型"海啸。这两种形式都会引起波动，形成巨大海啸。

1. "下降型"海啸

在地震发生时，海底地壳大范围下陷，随着迅速下陷，海水也会蜂拥而至，从而出现下陷地壳上方囤积大规模海水的情况。但是地壳下陷并不是无休止的，当下陷停止，海水突然受到阻力，就像某种东西飞速前进，忽然撞

击上一个固体，那么这个东西必然会被弹出去，这时候的海水运动原理跟这一样，随即翻回海面的海水产生压缩波，形成长波大浪，并向四周传播与扩散。在这里我们可以联系到另一个知识点——海啸来临的前兆，异常退潮现象的发生，一般都是由于这种下降型的海底地壳运动而形成的。1960年智利地震海啸就属于此种类型。

2. "隆起型"海啸

海水陡涨，突然形成几十米高的"水墙"，伴随隆隆巨响涌向滨海陆地，而后海水又骤然退去。某些构造地震

引起海底地壳大范围的急剧上升，海水也随着隆起区一起抬升，并在隆起区域上方出现大规模的海水积聚，在重力作用下，海水必须保持一个等势面以达到相对平衡，于是海水从波源区向四周扩散，形成汹涌巨浪。1983 年 5 月 26 日，日本海 7.7 级地震引起的海啸属于此种类型。

地震引发海啸灾难实例

海啸是一种蓄积巨大能量，具有强大破坏力的海浪。当它到达近岸时，会形成10多米至几十米不等的“水墙”，如果海啸到达岸边，“水墙”就会冲上陆地，越过田野，以摧枯拉朽之势，横扫岸边的城市和村庄，瞬时人们都消失在巨浪中。之后，海滩上一片狼藉，到处是残垣断壁和人畜尸体。下面就按时间顺序回顾地震海啸给人类带来的巨大灾难的实例。

1755年葡萄牙里斯本地震与海啸

欧洲历史上有记载的最大一次地震，发生在1755年11月1日早上9时40分，震中位于欧洲大西洋东岸的葡萄牙首都里斯本的附近海域，震级为8.8级。

里斯本位于特茹河北岸，距河口约9千米，港口深广，是伊比利安半岛最好的港口，也是葡萄牙第一良港。1755年11月1日港口上依旧人来人往川流不息，没有人感觉到灾难将至，忽然间，雷鸣般的响声从地下传来，容不得人们去想，大地就已经剧烈地晃动、颠覆起来。瞬息之间，房屋倒塌，大火蔓延，海啸来袭，短短的6分钟，就夺去了6万余人的生命。

地震的一刹那，海水迅速后退，沙洲干涸，海滩见底；又迅速掀起滔天巨浪，呼啸而来，浪头高出原有海平面的 15 米之多，来来回回的海浪，淹没了大半个城市，退时将浮物和尸体一起席卷而去。据牧师查尔斯·戴维的记载，地震发生时，先是轻微震颤，接着地面开始波动，地声轰鸣不绝于耳，房屋剧烈摇晃，墙体

开裂，屋顶坍塌。3 次强震，使城市一半毁坏，地面出现裂缝，超过 20 个教区教会的大教堂化为废墟，在教堂做弥撒的和周围逃向街头的人们被坍塌砖石砸死砸伤者不计其数。由地震引起的火灾 100 多起，燃烧了 6 天 6 夜，皇家宫殿和大歌剧院完全被大火吞噬，图书馆珍藏的图书和宫殿豪宅珠宝都付之一炬。震中达到XI度，有感范围达 259 万千米。最悲惨的是新码头的深陷。这座码头的修建可谓是工程浩大，地面全部用大理石砌造，看上去不但美观，而且坚固，宽敞犹如大广场一般。无处可逃的人们将生的希望寄托于它。因为它远离建筑，不会被倒塌的建筑砸压，不会因飞石瓦片伤人，火焰也侵袭不到这里。它看来就好像是一个上帝赏赐给人们的"避难港"。市民们争相跑来避难，码头和货场上挤满了惊慌失措的人们，他们祈求能躲过这一次浩劫。可是悲剧发生了，蓦然间，码头下沉了，从裂缝中涌出惊涛骇浪。又是仅仅一瞬间，所有的一切都消失了，消失得无比彻底，海面上不见一具死尸，就连停泊在码头附近、载满了人的大小船舶，也被强大的旋涡卷入深海，一块碎片也没能浮出海面。被人们视为"避难港"的码头忽然变成了无边的地狱，陷落处成了深不可测的深渊，直至灾难过后，人们经过测量，才发现原来这个裂缝深度达 180 余米！

地震使得城市地面像干旱一样龟裂，又忽然会复合起来。死亡的陷阱遍地皆是。约有 8000 人被活活夹死在地缝中，加上码头深陷，共计有 2 万人活埋于地层之中。地震过后，接踵而至的是海啸，波及大西洋两岸，海啸以超过 30 米高的巨浪，迅猛冲向葡萄牙南部的阿尔加夫海岸地区，冲垮岸边的堡垒，将一切建筑都夷为平地。另外是里斯本附近的滨海城镇卡斯卡伊斯海滩的所有船只被巨浪吞没而被海水卷走，附近的房屋一层淹没在海水中。据牧师查尔斯·戴维的讲述，河面突然隆起 6 千米宽的大潮形成小山般的巨浪，咆哮着越过河堤吞噬着逃生难民，各种大小船只，随着波峰抛向高处，继之又跌入波谷，冲向新建不久的大理石码头，同时巨浪又将在此避难的民众和附近的船只卷入大洋之中。受海啸严重破坏的地区有大西洋东岸，葡萄牙、西班牙、摩洛哥沿岸、马德拉群岛、加勒利群岛、亚速尔群岛。影响较次地区有法国、英国、爱尔兰、荷兰、比利时沿岸地区。与此同时，海啸跨越大西洋于当日午后抵达安德列斯群岛，在安提瓜岛和马提尼克岛留下破坏记录，并使巴布达岛附近海面上升 1 米多高，大浪接踵而至。

巨浪横扫西班牙海岸，到达直布罗陀海峡外的加的斯市时，浪高达 18 米。胃口大张的狂涛骇浪猛扑摩洛哥的大西洋海岸，其中一个叫卜里格的村镇，被无情地吞没，房屋和近万人等所有的一切都被泥沙掩埋得无踪无迹了。

地球陆地上有强烈震感的面积相当于 4 个欧洲那么大，有感半径 2000 千米。巴黎圣母院、梵蒂冈圣彼得教堂、伦敦圣保罗教堂、佛罗伦萨大教堂、西班牙孔波斯特拉大教堂、德国科隆大教堂等欧洲众多教堂的大钟同时震响。

没有人去敲的钟发出阵阵鸣吟……

远在西半球西印度群岛的安提瓜、马提尼克、巴巴多斯、格林纳达诸岛也受到了这次灾难的影响，平日里潮差不到 1 米，此时却忽然涨到 6 米，沿海的房屋和港口受到严重破坏。此外，挪威、瑞典、芬兰及嘉南大个大湖水，皆是无风起浪，波澜激荡。

这一天，葡萄牙境内的阿拉比达山、伊希特雷拉山、侏里哀山、马万山、新脱拉山等几座大山，都为之动摇了，岩层断裂，滑坡、崩塌灾害不断，有些河道被堵，迫使一些水流改道，还有人看到山顶有冒烟和闪电，后来人们推测冒烟可能是碎石发生滑坡及崩塌灾难时扬起的灰尘，闪电很可能是地光。

这是人类史上破坏性最大和死伤人数最多的地震海啸灾难之一，死亡人数已经不能完全统计，但估计有 6 万 ~10 万人。由大地震引起的各种灾难几乎将整个里斯本付之一炬，使得葡萄牙国力严重下降，殖民帝国从此衰落。

现在的地质学家利用高科技手段对当时的情况进行评估，估计地震震中确切位置位于圣维森特角之西南偏西方约 200 千米的大西洋中，震级达 9 级。教堂的钟声并不仅仅是地震的反应，它更是给人类敲响了一个绝世的警钟。这次地震灾害造成的影响首次被大范围地进行科学化的研究，标志着现代地震学的诞生。

此震发生后过了 214 年，即在 1969 年 2 月 28 日，在这个海域西边又发生了 8 级大地震，但并未引起海啸。

1896 年日本三陆地震与海啸

1896 年 6 月 15 日，在日本东北三陆发生 8.5 级地震，所引发的海啸袭击了日本的东北海岸。起初岸上人们听到震耳欲聋的隆隆声，继而传来古怪的嘶嘶声，岸边的海水被吸进大洋达数百米，而后出现了咆哮如雷的海啸，第

一个大浪以每小时 800 千米的速度，近岸海啸高度估计 100～300 米，冲击 270 千米长的地带，席卷了 160 千米的内陆。在灾区中心，城镇被吞没，村庄被冲毁，如海边的釜石镇在 34 米高的巨浪下摧毁了。6557 人中死亡 4700 人，4223 座建筑物仅剩下 143 座。在二见村死了 6000 人，在山田死了 3000 人，在土唐丹 1200 人中死了 1103 人，在岩手县 3 人中有 1 人伤亡。就连遥远的神户，海啸也把两艘轮船掀翻在海底，淹死了 178 人，其他地方有近 10 000

人死亡。总计遇难人数达 28 000 人。这次海啸是距岸 200 千米处的海底地震引发的。海啸还波及太平洋中部的夏威夷群岛，最大波高为 10 米，在太平洋的美国西岸旧金山也记录到 20 厘米的波高。

1908 年意大利墨西拿地震与海啸

1908 年 12 月 28 日意大利墨西拿地震引发海啸，震级 7.5 级，在近海掀浪高达 12 米的巨大海啸，地震发生在当天凌晨 5 时，海啸中死难 8000 人，这是欧洲有史以来死亡人数最多的一次灾难性地震，也是 20 世纪欧洲死亡人数最多的一次地震海啸。意大利西西里岛的

墨西拿市发生 7.5 级地震时，城市房屋跳动旋转，地缝开合喷水，海峡峭壁坍塌入海。这次地震造成了惊人的破坏。墨西拿是一座有着两千多年历史的古城，最早由古希腊殖民者于公元前 8 世纪建立。在意大利当时曾经有一个说法——意大利最美的城市不是威尼斯，也不是佛罗伦萨，而是西西里岛上的墨西拿。但是这次地震改变了一切，源自西西里岛墨西拿海峡底部的大地震，刹那间让海峡两岸的墨西拿市和卡拉布里亚市的建筑物强烈地抖动摇晃起来。墨西拿市区更靠近震中，所以损失惨重，富丽堂皇的钟楼、教堂、戏院相继坍塌，所有建筑物均化为废墟。

地震还使得海峡两岸的陡峭悬崖纷纷坍塌坠落海中。近海也掀起局部浪高达到 12 米的巨大海啸，巨波激浪横扫海岸直冲市区，墨西拿市再次遭到横祸。

当时，墨西拿的大主教被埋在倒塌的宫殿下，但 5 天后，他幸运地活着出来了，而其他很多刚刚活着从废墟中爬出来的人转瞬间又被涌进市区的巨浪卷走。经过海浪的来回席卷，整个墨西拿市区、港口以及周边 40 多个村庄遭受了前所未有的洗劫。墨西拿市遭到欧洲有史以来最严重的地震破坏，古城历经地震和海啸，化为水淋淋的一片废墟，甚至大地都下陷了约半米。

1923 年日本关东地震与海啸

1923 年 9 月 1 日，日本关东发生 8.2 级大地震，东京和横滨向外伸出的大平原到处像海水一样起伏，平地、山丘和大山都在发疯似的震动，东京最高的楼房都被摧毁，刚建不久的 12 层东京

塔断裂，把里面所有的人都抛在街上，横滨俱乐部全都倒塌，镰仓海边 150 米高的巨形铜像纪念碑从基部断裂倒塌，房屋毁坏 126 233 间。地震引发大火，烧毁房屋 447 128 间，地震中木屋损失率高，东京烧失面积 38.3 千米，横滨烧失面积 9.5 千米。地震引起山崩，致使隧道破坏，运行火车被埋。地震又引起海啸，房总半岛和相模湾沿岸的巨浪冲到岸上，浪高 12 米，在它退回海中的时候，卷走了 868 所房屋，吞没了 8000 艘船舶。据统计，这次关东大地震，致使 142 807 人死亡，103 733 人受伤，造成 2800 万美元的经济损失。

1946 年美国阿留申群岛地震与海啸

1946 年 4 月 1 日阿留申群岛的乌尼马克岛附近海底发生了 7.3 级地震，地震发生 45 分钟后，滔天巨浪首先袭击了阿留申群岛中的尤尼马克岛，彻底摧毁了一座架在 12 米高的岩石上的钢筋水泥灯塔和一座架在 32 米高的平台上的无线电差转塔。之后，海啸以每小时将近 800 千米的速度，横扫距乌尼马克岛 3750 千米的夏威夷的希洛湾，掀起的浪头仍高达十几米。摧毁了夏威夷岛上的 488 栋建筑物，造成 159 人死亡。

1960 年智利地震与海啸

1960 年 5 月 22 日，在智利的蒙特港附近的海底发生了世界地震史上罕见的强烈地震，震级为 8.9 级，大地在剧烈颤抖，部分陆地在升起，海岸岩石在崩裂，海底地壳发生大规模断裂，水平位移 3~4 米，垂直位移 2 米，地面产生较大的裂缝。

这次极强烈地震持续了 3 分钟之久，蒙特港是一座设施完备、技术先进和吞吐能力较强的重要港口，在这次地震中被完全摧毁了。所有房屋设施都被震塌，许多人被埋进了瓦砾之中。距蒙特港北 500 千米之外的康塞普西翁城，建筑物和房屋不是震裂震歪，就是震

塌，到处可见七零八落的混凝土梁柱，破坏的机器残骸，东倒西歪的电线杆和悬在空中的断木门窗。死 5700 人，伤者无数。

大震之后，忽然海水迅速退落，大约 15 分钟后，海水又骤然而涨。顿时，海啸发生了。波涛汹涌澎湃，奔腾呼啸而来。浪高 8～9 米，最高达 25 米，以摧枯拉朽之势越过海岸，冲向田野，迅猛地袭击着智利和太平洋东岸的城市和乡村。沿岸的城镇、港口、码头的建筑物和海边的船只都被巨浪击毁，无数的人畜被海浪所吞没。太平洋沿岸以蒙特港为中心南北 800 千米范围内，几乎被洗劫一空。

与此同时，海啸波又以 700 千米/小时的速度横扫西太平洋沿岸及岛屿。仅仅 14 个小时，就到达了美国的夏威夷群岛。此时波高达 9～10 米，巨浪摧毁了夏威夷西岸的防波堤，冲倒了沿堤大量树木、电线杆、房屋和建筑物，淹没了大片土地。

不到 1 天的时间，海啸波走完了 17 000 千米路程，到达了太平洋西岸的日本列岛。此时海浪仍然十分汹涌，波高达 6～8 米，最大波高达 8.1 米。临太平洋西岸的堤坝，城市、乡村中的房屋、建筑物、树木等不是被冲走，就是被毁坏。尤其是本州、北海道等地遭受海啸破坏更为严重。沿岸港湾码头、仓库、民房等建筑物被摧毁，停泊的大小船只被击沉、击翻，船上的人员被抛向大海，而消失得无影无踪。更有甚者，停泊在码头上的渔轮"开运丸号"被海浪抛向空中，然后跌落在岸边的一座房屋上，致使房倒屋塌。据不

完全统计，这次海啸灾难，造成日本140人死亡，冲毁房屋近4000间，击沉船只百艘。

此外，这次海啸还波及苏联的堪察加和库页岛，到达此处的海啸波高达6~7米，沿岸房屋、建筑物、船只、码头均遭到不同程度的破坏。海啸波到达菲律宾群岛附近，波高也达7~8米，沿岸城市、乡村中的房屋、建筑物以及人员都遭受到一定的损失。

1964年美国阿拉斯加地震与海啸

1964年3月28日，美国阿拉斯加最大的城市安克雷奇发生了8.5级地震，震中位于城东130千米左右的海湾，震源深度在地下25~40千米，震中距安克雷奇约150千米，破坏面积13万平方千米，有感面积130万平方千米。震动持续了4分钟。

地震时地表变形规模很大。在安克雷奇以东有一块岩层长640千米裂为两半，远在夏威夷的地壳都发生永久变形。在震中320千米半径范围内的沿海区有许多裂缝。地震时建筑物遭到破坏，地面产生变形，这种破坏是由于地震断层造成的。震中区安克雷奇地震时形成4个地震断层。一般来说，位于地震断层附近的建筑破坏不可避免。但由于安克雷奇是新建城市，大部分建筑物设计时都考虑了抗震要求，因此地震时尽管发生不同程度的损坏，却很少有倒塌现象，因而伤亡较少。阿拉斯加湾因大面积海底运动，其南岸的悬崖也滑入海中，地震引发的海啸随之而来，巨浪的高度达到了70米。150多人在这场灾难中丧生，地震和海啸给安克雷奇乃至整个阿拉斯加造成的经济损失惨重。海啸波及加拿大和美国沿岸。海浪传到南极，地震造成的地下水位变动，影响到欧洲、非洲和菲律宾。

1978 年巴布亚新几内亚西北海岸地震与海啸

1978 年 7 月 17 日，西太平洋距离巴布亚新几内亚西北海岸 12 千米的俾斯麦海区发生了 7.1 级强烈地震。20 分钟后发生 5.3 级余震。之后一切似乎又恢复了平静，住在巴布亚新几内亚西北海岸与西萨诺潟湖之间狭长地带的近万村民，浑然不知更大的灾难即将临头。一种异样的隆隆声由远而近，很多村民都以为那不过是一架喷气式飞机飞临，纷纷出来看热闹，转眼间，20 千米长、10 米高的巨浪就呼啸着横扫而来，绵延横亘在西萨诺潟湖与海滩之间的 7 个村庄顿时被淹没在海浪之中。仅仅几分钟，西太平洋这座风光迷人的度假乐园便变成了人间地狱。1 万人中仅 2527 人生还，7000 多人死亡或失踪，生还者中七成以上是成人，小孩幸免于难的极少。

1992 年尼加拉瓜地震与海啸

1992 年 9 月 1 日，尼加拉瓜发生 7 级地震。地震引起海啸，海湾里的海水突然下降，露出罕见的海滩，一会儿波高 2 米的海浪突然涌来，冲击了海滨毫无准备的休闲度假的人群，同时，在附近沿岸地段上，十几米高的浪头汹涌而至，破坏了尼加拉瓜西南 200 千米的太平洋沿海地区的生产和生活设施，造成

268 人死亡、153 人失踪，800 多间房屋倒塌。

1994 年菲律宾地震与海啸

1994 年 11 月 15 日，菲律宾北部的东民都洛省发生 6.7 级地震。地震引起海啸，至少有 33 人死亡，70 人受伤。追溯过去，菲律宾都曾发生过多次地震海啸，如 1918 年棉兰老 8.5 级地震引起的海啸，致 50 人死亡，1925 年 6.8 级地震引起的海啸致 428 人死亡，造成严重的经济损失；1976 年 8 月 16 日的莫罗湾 7.9 级地震引起海啸造成 8000 人死亡和重大财产损失，1983 年 6.5 级地震引起的海啸致 16 人死亡，造成严重的经济损失。

2004 年印度尼西亚苏门答腊地震与海啸

2004 年 12 月 26 日，苏门答腊西南海域发生的 8.7 级地震（据我国台网测定），是自 1960 年智利 8.9 级地震（据美国台网测定）后的 40 多年来最大的一次地震。若发生在陆上城市附近，其所造成的破坏和灾难将不亚于甚至超过 1976 年我国的唐山地震。由于发生在海中，地震对陆地造成的破坏和人畜伤亡有限，但由此引发的海啸产生的灾害，致使印度洋周边国家，如斯里兰卡、印度尼西亚、印度、马尔代夫、泰国、马来西亚以及东非等国家，遭受 30 万以上的人员死亡，沿海城乡设施遭到毁灭性的破坏。

这次大地震的同震效应导致地球自转轴摆动，地球自转加速，日长缩短。其释放的能量约为 4×10^{29} erg（功的单位），相当于 1976—1990 年全球地震释放能量的总和，也相当于 23 000 个广岛原子弹的能量。最近，有一些研究者根据地球超长周期振动的数据及地震破裂带附近观测到的地形变化推算，认为此次地震实际释放的能量可能还远远大于以上数字。其震级有可能达到

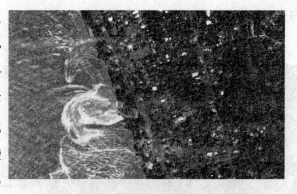

9.2 级或 9.3 级。地震发生以后，海啸波以约 750 千米/小时的速度向四周传播，20 分钟以后袭击了此次海啸灾害最严重的印尼苏门答腊岛北达亚齐地区，2 小时后开始袭击印度洋北部沿岸泰国、马来西亚、缅甸、孟加拉、印度、斯里兰卡等国，4 小时后袭击了印度洋中因全球变暖而濒临沉没的岛国马尔代夫，7 小时后到达东非印度洋沿岸各国，塞舌尔群岛、马达加斯加、毛里求斯、肯尼亚、索马里、坦桑尼亚等国均造成破坏，并有人员伤亡。此次海啸在 28 小时后到达美国大西洋及太平洋沿岸，30 多小时后到达南美西海岸，最终完成了它的全球旅行。据统计，地震引发的大海啸造成 305 276 人死亡，被此次海啸夺走生命的人数超过了有史以来历次大海啸灾难中死亡人数的总和。

下面分述地震海啸给有关国家和地区带来的灾难。

1. 印度尼西亚

这次在苏门答腊西南海域班达亚齐发生的 8.7 级地震和接踵而来的特大海啸，给这一带海滨造成了毁灭性的灾难。尤其是亚齐省首府班达亚齐各大建筑物几乎都有损毁。平常热闹的大街全是碎瓦和玻璃碎渣，从亚齐省班达亚齐在海啸袭击前后部分卫星图片一目了然地看出灾难的惨状。大半座城市已经成为废墟，整个城市的格局模糊难辨。在成堆的建筑垃圾和木头中，即使是从小在这里长大的司机，也经常"迷路"。海滩以内数公里，幸存的建筑只有一座清真寺。它的底层已经被海啸涤荡一空，残破不堪，柱子也发生了扭曲，但整体结构完好。它是海滩内仅剩的与尊严和生命有关的建筑。或许是由于比较坚固，据当地人说，在海边能够留下被称之为建筑物的，只有大大小小的清真寺。

2. 斯里兰卡

这次百年不遇的海啸影响了包括首都科隆坡在内的斯里兰卡全岛，沿海许多地区淹没在海水中。其中，以东部的亭可马里、拜蒂克洛、安帕拉和南部的马塔勒、加勒地区受灾最为严重。据报道，在海啸高峰时，高达 10 米的海浪冲向内陆，部分地区海水侵入陆地将近 1000 米。一些重灾区不仅人员伤亡和物资损失惨重。而且电力、交通、供水和通信也一度中断。在斯里兰卡西南部著名古城加勒。整个市区变成一片汪洋，海水淹没了大批房屋、公共汽车，一列火车的若干节车厢也被冲散，惊慌失措的乘客跑到公共汽车的车顶上避难。在斯里兰卡南部小镇卢纳瓦，当地居民走过一条被海啸袭击过的铁路线的一片狼藉。已证实有超过 4.1 万人死亡，多数是儿童和老人，78 万人沦为难民。

3. 印度

海啸冲击整个印度南部，安达曼和尼科巴群岛被海水淹没，安达曼和尼科巴群岛中央直辖区有 3000 人死亡，另有 3 万多人连同 5 个村庄在海啸过后消失无踪。他们当中大多数是渔业工作人员。很多渔夫无论在家或出海都失踪了。最严重的损伤是在泰米尔纳德邦，首府马德拉斯损失最为惨重：至少有 100 名当地居民死亡，数千居民逃离滨海居民区。他们来不及开走的车被惊天狂浪抛掷起来，停泊在岸边码头的渔船、快艇被推上岸，滔天的海水直接灌进市中心的大小楼房，首府楼、警察局还有距离首府约 60 千米的卡尔帕卡姆核电站都泡在了水里，造成了首府城北全部断电。官方说者伤亡，大部分是妇女和儿童。正在参加各种各样的水上活动的大人和小孩及在沙滩上做

晨早散步的人都被水冲走。报道说，在金奈甚至没有能为直升机提供降落的地方，马里纳海滩大部分地区因为海啸而被水浸。

4. 泰国

强烈地震波及泰国，安达曼海沿线的泰国南部布吉、甲比、攀牙、董里等地不仅震感强烈，而且遭到海啸袭击，10 米高的海浪不断地冲击着岸边，人们争相向高处逃命。滨海地区，约有上百座房屋遭到不同程度的破坏。一些酒店的低层房间进水，由于海浪很高，数百名外国游客被困在岛上。其中布吉受灾最为严重。布吉岛的临海街道上一片狼藉，被海水冲坏的一些汽车、摩托车、游船和零售亭零乱地散落在道路上，一些树木也被海水连根拔起，横卧在道路两旁。

2010 年智利地震与海啸

2010 年 3 月 27 日在智利康塞普西翁发生 8.8 级地震，随后发生多次6.0级余震和海啸。地震引发海啸袭击太平洋沿岸，对南美太平洋沿岸国家，如

美国加州、夏威夷，澳大利亚，日本等地产生一定影响。由于此次地震产生的越洋海啸较弱，加之有琉球海峡和宽广的东海大陆架"保护"，此次海啸对于包括上海在内的我国沿海地区影响并不大，大陆沿岸浪高不超过10厘米。

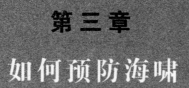

第三章

如何预防海啸

海啸预报与预警

地震海啸预报，在人类当前的认知程度和科技水平下还不可能实现。但地震海啸预警却是可行的，尽管不太准确。

海啸预报

引起海啸的原因很多，最常见的是由地震而引发的海啸，但目前仍无法准确地预报。

（1）海底地震无法预报。到目前为止，地震学家只知道地震环太平洋成环带状分布，沿地中海成东西向带状排列，而对于在上述地震带中将于何时、何地发生多大震级的地震还是无法预测的。

（2）地震与海啸不存在直接的因果关系。海底发生地震不一定都会引起海啸，据统计，海底发生 6 级以上的地震 15 000 次，仅引发 100 次海啸。据作者研究，地震不直接引发海啸，地震的强烈震动和断裂突然错动，引起巨大体积的海底滑坡和崩塌，才能间接引发海啸。所以首先要查明未来可能发生海底地震的地段，哪些地段孕育、存在海底滑坡体和崩塌体，它们的成熟程度如何，但是就目前科技水平和条件，要想查明全球地震海啸带哪些地段孕育、存在海底滑坡体和崩塌体，并且要鉴别它们的成熟程度，很难办到。

这也就是为什么设在夏威夷美国太平洋海啸预警中心，从1948年开始到1996年，一共发布20次海啸预警，但是，只有5次是真警报，另外的15次是误报，实际上并没有发生海啸。

基于上述两种理由，目前还不能准确地预报地震海啸。地震海啸无法预报，其他原因引发的海啸也难以预报。

海啸预警

从发生地震到地震引发海啸、从发生海啸到传至海岸，人类可以充分利用已知的地震发生时间与已预测到的海啸行程的时间差进行预防。尤其是对于远洋海啸或距离海啸发生源远的沿岸地区，更有可利用的预防活动时间，但这必须以准确及时的预警为前提。如1960年智利地震海啸传播到日本要经过23个小时，传到夏威夷需13个小时，这样就可以利用海啸监测网获得信息，在短时间内作出预警，为该地区赢得时间。

海啸预警系统

美国是除日本之外遭受海啸威胁最严重的国家。阿拉斯加州1964年发生地震和海啸，导致132人死亡。此后，美国迅速建立了海啸预警系统。目前，美国有两个海啸预警中心：一个是阿拉斯加海啸预警中心，另一个就是太平洋海啸预警中心。太平洋海啸预警中心在1965年成立，包括中国、日本、澳大利亚等环绕太平洋的 26 个国家都参与其中。所有加入太平洋海啸预警系统的成员，都通过全球通讯网与太平洋海啸预警中心相连，通过卫星 24 小时不间断进行数据传输。

太平洋海啸预警中心前身是 1948 年在夏威夷最早成立的海啸警报中心。太平洋海啸多，海啸预警系统较完善。美国在原有的海啸警报中心的基础上于 1965 年成立了太平洋海啸警报中心，机构设立在檀香山。后来这一机构逐渐发展成太平洋沿岸国家联合组成的国际性海啸警报机构，由美国国家海洋大气局的气象局主管。太平洋海啸预警中心在地震发生后，收集太平洋海盆的地震波和海潮监测站探测到的信息，交换各国情报，评估可能引发海啸的地震，并从檀香山分部向参与该系统的 26 个国家发布预警信息。

根据已知的地震位置、震源和发生时间及其可能受震目标之间的大洋深度，以及海啸传播速度，则可以预测出海啸到达的时间。2004 年的印度洋大海啸在地震发生后 90 分钟登陆，如果印度洋也有一个预警系统，人们就可以利用这宝贵的 90 分钟时间进行撤离。在这样大的灾难降临时，哪怕能提前 1 分钟预警，也可以挽救成千上万人的生命。2004 年印度洋大海啸后，陆续有印度、印度尼西亚加入了太平洋海啸警报中心。此外，日本、澳大利亚和中国除了加入了太平洋海啸预警中心外，还建立了自己的一套海啸预警系统。

海啸预警发布过程

海啸预警系统是侦测海啸并警告以避免在海滨人员死亡的系统，包含两部分：一部分是侦测系统，另一部分是通信系统和海边预警系统。

1. 侦测系统的检测

当某地发生大地震，地震仪器触发警报，并立即分析地震记录，将数据发送到太平洋海啸预警中心。根据收到的地震台站的报告，或者根据自己的地震台站触发记录的结果，太平洋海啸预警中心的工作人员将上网查询来自美国国家地震信息中心的有关此次地震的邮件。如果美国国家地震信息中心的地震信息系统还没有发送电子邮件报告，太平洋海啸预警中心的地球物理学家便会登录到美国国家地震信息中心系统，使用国家地震台网的数据进行定位。太平洋海啸预警中心设置了警报阈值，大约6.5级或者更大的地震时会激活预警系统。

2. 海啸预警的发布

地震的位置和大小确定后，就要准备发布海啸预警信息。如果地震是在太平洋海域内或其附近，震级达到6.5级或更大，但小于或等于7.5级（在阿留申群岛是大于7.0级），那么就要向预警系统的各成员国发布海啸信息公告。当地震震级大于7.5级（在阿留申群岛是大于7.0级），就要向预警系统的各成员国发布海啸预警公告，通知他们海啸可能已经形成，要求他们将预警信息转发给公众，以采取必要防范措施。

如果地震足够大，能够引发海啸，并且发生在海啸可能产生的地区，太平洋海啸预警中心会检查震中附近的潮汐台站自动发来的潮汐数据，看是否有海啸产生的迹象。如果这些数据显示海啸已经形成，并对太平洋部分或所有地区的人们构成威胁，预警中心将发布海啸预警公告，该海啸预警公告也可能升级为整个太平洋范围的海啸预警公告。海啸预警发布机构需要预先制定详细的应急预案，将危险地区人们疏散。如果潮汐数据表明是一个微不足道的海啸，或者海啸还没有形成，太平洋海啸预警中心将发布消息，取消其先前发出的海啸预警。

3. 经验预警

海啸科普知识告知人们，海啸来临之际常发生海水突然退潮的现象。在海啸频发地带，生活在海边的人们与长年在海中作业的渔民，都有这种常识。

2004 年 12 月 26 日，苏门答腊西南海域发生的 9.0 级地震引发大海啸，在泰国布吉岛，一个名叫蒂莉的小女孩正与家人一起享受美妙的阳光和沙滩。突然，她发觉海水有些不对劲，变得有些古怪，冒着气泡，潮水突然退下去了，而这正好和地理老师安德鲁，卡尼曾经讲过的关于地震及地震如何引发海啸的知识吻合：地理老师曾经告诉她，在海啸发生前 10 分钟左右，海水会出现退潮现象。

"我知道正在发生什么，并且有一种感觉。将会是海啸。我就告诉了妈妈。"蒂莉事后在接受英国《太阳报》采访时说。

蒂莉的警觉得到了重视，整个海滩和邻近饭店的人们在海啸袭至岸上前都及时撤离了。《太阳报》的报道说，因为小蒂莉的一句警告，海滩上没有一人伤亡，因此把这个小女孩赞誉为"海滩天使"。

她说："如果你身处海啸或其他自然灾难，那么了解海啸或其他自然灾难的知识是一件非常好的事情。我对我能够在海滩上说海啸就要到来感到很高兴，我对他们能够听取我的意见感到很高兴。"

"知识就是力量"，这是一句名言。能拯救几百条人命的知识难道不是一种强大的力量吗？

4. 科学指导防海啸

（1）地震是海啸最明显的前兆。如果你感觉到较强的震动，不要靠近海

边、江河的入海口。如果听到有关附近地震的报告，要做好防海啸的准备，注意电视和广播新闻。要记住，海啸有时会在地震发生几小时后到达离震源数千千米远的地方。

（2）海上船只听到海啸预警后应该避免返回港湾，海啸在海港中造成的落差和湍流非常危险。如果有足够的时间，船主应该在海啸到来前把船开到开阔的海面。如果没有时间开出海港，所有人都要撤离停泊在海港的船只。

（3）海啸登陆时海水往往明显升高或降低，如果你看到海面后退速度异常快，应该立刻撤离到内陆地势较高的地方。

（4）每个人都应该有一个急救包，里面应该有足够72小时用的药物、饮用水和其他必需品。这一点适用于海啸、地震和一切突发灾害。

海啸预警系统

海啸预警系统概述

依据现有的科学技术水平，还不能在大地震之后迅速地、正确地判断该地震是否会激发海啸，但是，我们仍然可以根据目前的认识水平，通过海啸预警为预防和减轻海啸灾害采取积极的应对措施。

海啸是向外传播的，根据这一特点，如果我们知道海中发生地震的具体地点或某处实际海啸的发生，就可以利用海啸传播的时间差，向其他可能会波及的地区及时发出海啸警报。例如，智利附近地震产生的海啸向外传播，海啸传到夏威夷需要 15 小时，传到日本则需要 22 小时。

根据海啸的发生特点，1965 年，26 个国家和地区进行合作，在夏威夷建立了太平洋海啸警报中心，随后更多的国家陆续加入了这一国际海啸警报中心。这样的话，一旦从地震台和国际地震中心得知海洋中发生地震的消息，太平洋海啸预警中心就可以计算出海啸到达太平洋各地的时间，及时发出警报。中国于 1983 年参加了太平洋海啸警报中心，对于来自太平洋方面的海啸，我们可以做出及时的预防准备工作。

建立海啸预警系统是有科学依据的。

（1）地震波传播速度比海啸的传播速度快是海啸预警的物理基础。地震波大约每小时传播 30 000 千米（每秒 6~8 千米），而海啸波每小时传播几百千米。比如，当震中距为 1000 千米时，地震纵波大约 2.5 分钟就可到达的距离，海啸则需要 1 小时以上。

1960 年，在智利发生了特大地震，并引发了一场特大海啸，智利地震的地震波传到上海用不了 1 小时，而海啸波传到上海则用了 23 小时。这样，根据地震台上接收的地震波推测，我们不但知道智利发生了大地震，而且知道大约多少小时之后海啸波就会到达。

（2）海啸波在海洋中传播时，其波长很长，会引起海水水位大面积升高（台风也会造成海面出现大波浪，但面积远远小于海啸），所以，我们可以在大洋中建立一系列的观测海水水面的验潮站，根据观测判断会不会发生海啸、海啸的传播方向等关键问题。

需要注意的是，海啸的产生过程很复杂，因为地震波传播速度与海啸传播速度的差别造成的时间差只有几分钟至几十分钟，海啸早期预警就难以奏效。海洋地震是造成海啸的主要因素，但大部分海洋中的地震不会产生海啸，因而，经常都会出现不实的虚假预警状

况。如1948年，檀香山收到了海啸警报，立即采取紧急防御措施，动员全部居民迅速撤离沿岸，但最后根本没有海啸发生，而这次海啸紧急救助活动花费了3000万美元。1986年当地又发生了一次不实警报预警，同样损失巨大。从1948—1996年，太平洋海啸预警中心在夏威夷一共发布20次海啸警报，其中只有5次是真警报，剩下的15次都是不实的虚假警报，虚假比例达到3/4。近些年来，随着科学家对海啸资料的不断深入分析和数值模拟技术的发展，虚报比例已经有所下降。当前的海啸早期预警工作主要有海啸产生的机理、相关的数学模型、多个深海海底地震仪（OBS）组成的监测系统和预警信息的快速发布这四个方面。

为了在大地震之后能够迅速地、正确地判断该地震是否激发海啸，减少误判与虚报，特别是"近海海啸"预警的误判与虚报，以提高海啸预警的监测水平，必须加强对海啸物理的研究。

海啸预警具有可靠的物理基础，它不仅有其理论依据，而且也是实际可行的，并且已经有了成功的范例。比如，1946年，海啸袭击了夏威夷的"曦崂"市，造成了巨大的人员伤亡和大量的财产损失。于是，1948年便在夏威夷建立了太平洋海啸预警中心，在那以后都有效避免了海啸可能造成的损失。

倘若印度洋沿岸各国在2004年印度洋特大海啸之前，对海啸的威胁有足够的重视，同样建立一个海啸预警系统，也不至于造成如此巨大的人员伤亡和财产损失。

印度洋海啸后不久，联合国前秘书长安南建议建立一个全球的国际海啸预警系统。这个系统通过全部汇总所有参与国家的地震监测网络的各种地震信息，然后用计算机进行数据分析，设计成电脑模拟程序，大体判断出哪些地方会有形成海啸的可能性，其规模和破坏性又有多大。基本数据形成以后，系统会迅速向相关成员国发出及时的海啸警报。该系统分布还在海洋上建立了数个水文监测站，一旦海啸形成，海啸预警系统也会及时更新海啸信息。预警系统只有是全球性的，才能真正有效。

印度洋海啸造成的严重灾害，使人们对预警系统有了新的认识。

建立全球的预警系统比建立各国和区域的预警系统更有效、更经济。

海啸的发生频率很小，所以我们应该更合理地建立综合的各灾种的综合性预警系统。

预警系统应当采用最先进的科学技术。

预警系统不是万能的，本地海啸的预警比遥海啸要困难得多，因此，为了最大限度减轻灾害，除预警系统外，还要注意灾害的预防和建立灾害发生后及时有效的救援系统。

日本的海啸预警系统

1. 日本是地震海啸多发区

日本是海啸最常光顾的国家，甚至在地球另一端发生海啸的时候，也会波及千万里之外的日本，日本人对海啸造成的危害可以说是有着切肤之痛的，"tsunami"这是海啸的英文单词，就是源自日语的发音。日本人把海啸叫做

"津波",意思是冲向湾内和海港的破坏性大浪。环绕太平洋的孤岛和海沟区是全球火山和地震的多发区。地球上有记载的由大地震引起的海啸,有 4/5 都发生在太平洋地区。在环太平洋地震带的西北太平洋海域,更是发生地震海啸的集中区域。具体来说,海啸主要分布在日本太平洋沿岸,太平洋的西部、南部和西南部、夏威夷群岛、北美洲、

中南美洲。其中受害最重的是日本、智利、阿留申群岛沿岸和夏威夷群岛。

日本是海啸重灾区,不但海啸死亡总人数最多,还是发生破坏性海啸最频繁的区域。公元 684 年至今,灾害严重的大海啸就发生了 62 次,导致 10 多万人丧生。最近几十年,日本国内共发生 6 次强度比较大、灾害比较严重的大海啸,其中 1933 年的日本三陆近海海啸死亡人数达到 3000 人;1983 年日本海中部地震造成 100 多人死亡。

2. 日本建立海啸预警系统

日本一直是地震海啸发生最频繁、最严重的国家之一。为了有效地防范地震海啸的发生,减少灾害造成的伤亡损失,从 1941 年开始,日本就在国家的气象厅建立了自己的海啸预警系统。40 年后,终于得到实践的检验,在 1983 年日本海中部发生 7.7 级地震时,监测系统及时向东京发出警报预警,专家经分析研究,推断将要发生海啸,但分析过程耗时 20 分钟,在政府发出警报之前,已经有 100 多人被因地震而形成的海浪卷走了。这次海啸之后,日本总结各种经验教训,改进了监测系统。此后安装的监测设备可以自动接收地震仪读数,并在 10 分钟内就能发出警报,比 20 分钟的时候快了一半,但仍然不够完善。1993 年北海道发生 7.7 级地震,海啸几乎立即伴随地震的

发生而发生了，地震后3分钟，奥尻（kāo）市即遭到高达29米大浪的袭击，让所有人都措手不及。震后7分钟政府即刻下令疏散，反应可算快捷，但海啸发生得太快，这时已经有198人丧生了。灾难过后，为了更有效地预防海啸，奥尻（kāo）市筑起一道长14千米的防波堤，在某些地段堤高12米，并安装了预警系统。地震一旦达到7级，立即就能自动发出警报。地震的频繁发生和灾难性后果，促使日本政府不断改进和完善预警系统，此后，如果相同程度的海啸灾害，日本所受到的损失程度远远低于其他国家。这就是灾害预警系统的有效性。

3. 1994年起日本气象厅计划新目标

随着科技的发展和人们认识水平的提高，日本经过不断地完善改进制造出新一代的海啸预警系统，并按步骤实施，新建系统在大地震发生后3分钟内就能发出可靠的地震海啸警报。只要地震一发生，就有150个高精度地震监测仪和20个STS-2组成的遍及全日本的地震监测网络系统不间断、实时地接收地震信息，并通过P波波形和到达时间来自动、迅速地确定地震程度和具体位置，而且还能及时地将数据传送到电脑中心进行分析，并把分析结果呈现在电视这一公众媒体上，通知电视受众海啸预警，要做出及时有效的预防或避灾，同时实时地预报海啸波高等最新灾情。日本各地的地方政府也有汽笛警报等预警系统，以便在灾害发生时，能及时地通知受灾地区的民众。日本气象厅研制的这种新的海啸预报技术的理论依据是由新的海啸数值模式模拟计算出的各种结果所组成的数据库。通过这些覆盖整个日本的精确模拟的海啸预报，日本政府所有基础单位（如府、县）都可以预报出准确的海啸波高和海啸到达各个地区的时间。对于将遭受海啸灾难的公众来说，这些预报信息是非常重要且有效的。

还可以利用卫星发布信息。比如，用数值模式新方法能够更迅速地发布海啸警报，更准确地预报海啸到达时间和海啸波高。当然，海啸发生后，从海啸警报和海啸警报中心的信息传送到公众期间，所用的时间越短越好。日本气象厅根据实际应用情况，已经发展了基于卫星的紧急信息多目标发布系统，其接收设备则安置在各县市的办公室、大众媒体、气象观测站以及其他一些基层的民众聚集地点。通过卫星传输系统，海啸警报和有关地震的信息能够在海啸发生后马上传送到接收设备。信息内容有：

海啸预报开始；

地震的震中位置和震级大小；

海啸抵达时观测到的情况及其高度；

海啸警报结束。

4. 海啸重点防灾区设施完备

日本东京附近的静冈县曾经受到海啸的猛烈袭击，灾害严重。之后该县开始完善海啸防御系统。2004 年年末印度洋大海啸之后，虽然日本没有受到灾害的袭击，

但是，静冈县防灾工作人员一直都忙碌于把他们的海啸预防体系介绍给日本其他地区以及其他受灾国。

我们以静冈县预防海啸的重点地区沼津为例介绍这一海啸防御体系。

沼津在 1959 年建造了一个巨大的防潮堤。防潮堤通常都是梯形的，长50 千米，高 3.6 米，全部都是钢筋混凝土结构，能够抵抗 8 级地震。地震发生后，它能在 3 分钟内关闭以抵御海啸的袭击。

沼津的海港分为内港与外港。沼津投资 43 亿日元，用了 9 年的时间，在内港与外港之间的航道上兴建了一座高 45 米、重 923 吨的巨大水闸。水闸的自动控制系统连接在地震仪上，一旦感应到强烈地震的震感或者监测到水位超过警戒线，会立即发出紧急警告，警戒水平分为三个等级，分别为地震警戒、海啸警戒、演习警戒。水闸下降的速度各有不同，一级警报发出 2 分钟后开始关闭闸门，再过 3 分钟就迅速落下，及时地阻挡海啸的袭击。2004 年由于台风频繁登陆，达到二级警报水平，造成水闸落下过 3 次。

5. 未来的计划

印度洋海啸使日本受到极大震动，虽然没有波及日本，但日本还是给予极大的关注，及时提高警惕，并迅速收集大量数据进行测算，结果惊人：预报显示，将来在东海到日本的四国之间的太平洋海域，也有发生类似于印度洋大海啸灾难的可能。研究结果同时也暴露出许多漏洞，日本全国共建有 15 118 千米的防潮堤，其中只有一半的防潮堤能抵挡住预计的大海啸，17% 的防潮堤低于预想的海潮高度，还有 30% 的防潮堤不能确定是否能胜任防潮任务。

日本政府在 2005 年初就提出了 2011 年前的计划。为应对海啸灾害，制订计划在 2011 年前建立导弹、海啸自动预警系统。具体措施为：要建立更先进的预警系统，以便应付弹道导弹等武力攻击事件和地震、海啸等灾害。日本计划在 2011 年前，全面实现地面波数字电视广播，覆盖日本各家各户的数字电视接收机以及带有电视接收功能的手机也可以直接接收危机警报信号，并且能够强行启动或中断正在收看的电视节目，改为播报危机警报。只要电视接收机没有切断电源，也就是电视机处于待机状态时，就能使电视机自动开启播发危机警报。

这种手段能够快速、准确、直接地向公众传播突发性危机警报。

美国地震海啸预警系统

除日本以外，美国也是世界上遭受海啸威胁非常严重的国家。在太平洋沿岸美国北部的阿拉斯加州和西海岸的华盛顿州、俄勒冈州和加利福尼亚州都属于海啸威胁区。1964 年，阿拉斯加州发生 8.4 级地震并引发海啸，死亡人数达 150 人，其中有 122 人死于海啸。这次灾难过后，美国立即建立了海啸预警机构。

1. 美国海啸预警系统

该系统下属两大海啸预警中心，即太平洋海啸预警中心和阿拉斯加海啸预警中心。建立这一体系布置了如下探测设备。

太空中的海洋观测卫星：在大洋底层、岛屿上以及岸边也建有地震波探测站，大洋中的潮汐监测站等，从而形成一张从太空到海底的完备监测网。

海啸预警计划：为了更加全面地保护美国海岸安全，美国从 2005 年初开始扩建原有的太平洋海啸预警系统。美国在东海岸大西洋上也建立了预警

机制。

美国计划投资 4000 万美元，2007 年，已经将太平洋原有的 6 个深海探测浮标增加到 31 个，并首次在大西洋和加勒比海上设下 7 个浮标。浮标与海底压力记录仪相连接，将接收的数据通过卫星传送到预警中心。另外，美国正与有关国家磋商，计划在印度洋及其他地区建立预警机制。

2. 太平洋海啸预警系统

由于 80% 的大海啸都发生在环太平洋区域，所以太平洋地区的各个国家非常重视海啸的研究及防范工作。最早的海啸警报中心成立于 1948 年的夏威夷，1964 年美国又在檀香山设立太平洋海啸警报中心。后来，根据联合国教科文组织政府间海洋学委员会的敦促提倡，在 1966 年建立了太平洋海啸预警系统，并成立太平洋海啸预警系统国际协调小组（ICG/ITSU）。这个国际协调小组每两年召开一次会议，评价海啸预警系统的进展情况、协调各个国家之间的活动、改善相关的服务。该协调小组由以下国家组成：日本、美国、加拿大、墨西哥、智利、法国、哥伦比亚、中国（1983 年加入）、韩国、朝鲜、澳大利亚、印度尼西亚等 28 个国家。太平洋海啸预警中心设在美国的夏威夷，并由美国国家海洋大气管理局主管。该中心组成系统很复杂，包括太平洋地区的 24 个地震监测站、52 个警报发布点和通信联络、国家与地区海啸警报系统、卫星，电缆和 53 个验潮站。该中心的主要任务是传播较大地震发生的地震要素和震区附近发生海啸实况的信息。

中国地震海啸预警系统

1. 中国沿海海啸预警系统

目前，我国的海啸预警机制已经初步建立，具备了海啸预警能力，尽管如此，人们仍需不断地加强建设和有关部门之间合作协调机制。我国的海啸主要发生在台湾海域、渤海和南海。从 2004 年起，海啸、风暴潮等灾害也已列入国家灾害应急机制。

我国是一个风暴潮灾害多发之国，与地震海啸相比，风暴潮发生的频率和危害程度要高得多、严重得多。由于这两类预报业务类似，所以，现在我国已合并了这两类预报业务，由国家海洋环境预报中心承担。为此，我国沿海设立了 286 个验潮站，其中，承担风暴潮的预报任务的就有 100 多个站。我国的海啸警报网是由国家地震局、国家海洋局及各验潮站共同组成的。

2. 加强对海啸的研究

20 世纪 90 年代后期，我国国家海洋局组织开发太平洋海啸传播时间数值预报模式、太平洋海啸资料数据库和本地越洋海啸数值预报模式。这一模式曾在福建惠安、浙江秦山、广东大亚湾等五个核电站的环境评价中，得到应用。在发生了印度洋大海啸以后，还组织专家对其进行数值模拟。

3. 中国海洋灾害应急预案启动标准出台

《赤潮灾害应急预案》和《风暴潮、海啸、海冰灾害应急预案》由国家海洋局编制完成，通过国务院审议以后，已被确定为《国家突发公共事件总体应急预案》的部门预案之一。2005 年 11 月 15 日，国家海洋局正式印发并

实施了这两个预案。

预案明确了灾害调查评估、监测预警系统能力建设、保障措施、灾害预警启动标准、海洋灾害应急的目的、组织体系和职责等，不仅重点突出了海冰、赤潮、海啸和风暴潮灾害的监测、预警，还详尽规定了灾害的分级处置标准及程序，建立了预警响应与应急响应的具体措施和流程，对于有关工作单位的职责和责任人等也都有明确的划分，可操作性很强。

4. 海啸预警级别

海啸预警有Ⅰ、Ⅱ、Ⅲ、Ⅳ四级警报级别，它们代表着轻重缓急的意义。

海啸Ⅰ级警报是将会出现特别严重海啸的海啸预警，红色是其代表色。受海啸影响，预计沿岸验潮站有3米（正常潮位以上，下同）以上的海啸波高出现，而且会严重损毁300千米以上岸段，能够危及人类的生命财产安全，发布Ⅰ级海啸警报。

海啸Ⅱ级警报是将会出现严重海啸的海啸预警，橙色是其代表色。受海啸影响，预计沿岸验潮站有2～3米的海啸波高出现，严重损毁局部岸段，危及人类的生命财产安全，发布Ⅱ级海啸警报。

海啸Ⅲ级警报是将会出现较严重海啸的海啸预警，黄色是其代表色。受海啸影响，预计沿岸验潮站有1～2米的海啸波高出现，而且，在受灾地区，会有房屋、船只等受损的情况发生，发布Ⅲ级海啸警报。

海啸Ⅳ级警报是将会出现一般海啸的海啸预警，蓝色是其代表色。受海啸影响，预计沿岸验潮站有1米以下的海啸波高出现，而且，会对受灾地区造成轻微损毁，发布Ⅳ级海啸警报。

科学知识防御海啸

减轻海啸灾害刻不容缓

海啸给人类造成了巨大的灾难，但是目前，人类对海啸、地震、火山等突如其来的灾变，只能通过预测、观察来预防或减少它们所造成的损失，不能控制它们的发生。掌握海啸的科学知识对于减轻海啸灾害是非常重要的，所以，我们应该采取积极有效的措施来减轻海啸灾害。而减轻海啸灾害，我们还需要关注很多问题，如哪些地方是海啸灾害多发区？灾害能有多严重？海啸灾害的发生频率如何？了解了这些，才能有针对性地进行灾害的预防，以减轻灾害造成的各种损失。通常这被叫做灾害的区域划分，也被称为灾害预测。

海岸地区发生的海啸灾害，其大小主要是受海底地貌和陆地地形的影响，如果海水水深由海洋向陆地减小得很快，而且沿岸陆地平坦且海拔低，那么即使不大的海啸波，也会形成很大的海啸灾害。所以，在沿海进行各种设施建设时，要尽量避开或避免这些地方。如果是非常有必要的，不得不进行的建设施工，那就必须完善相应的预防措施做好预防准备工作。

2004年印度尼西亚地震引发的海啸登陆泰国时，海啸来临前先是海水大

规模减退，岸边海底露出许多少见的小鱼和贝壳，海边的游客以为遇到了难得的机会，纷纷下海捡拾小鱼和贝壳，大约20分钟后，十几米的巨浪以排山倒海之势迅速席卷海岸，沿岸一切生命财产都被海水无情地吞噬。没有人知道，异常的退潮和罕见的小鱼贝壳就是海啸出现的前兆。如果当时岸边的人能够多了解一些海啸知识，说不定就可以避免或减少海啸造成的损害。

所以，我们应该经常性地开展一些海啸知识的宣传和教育工作，使防灾抗灾意识深入人心，而有效的减灾行动是要做到有效地预防。社会公众要有防灾意识和常识，社会团体和各级政府应该有应急预案，国际社会要加强合作，只有这样，才能最大限度地减轻灾害。

海啸来临前的预兆归纳

海啸前兆的具体分类如下。

1. 地面强烈震动

地面强烈震动是地震海啸发生的最早信号，地震波与海啸因为传播速度

不同，中间会有一个时间差，这非常有利于人们采取措施提前预防。地震是海啸的"先锋队"，感觉到较强震动的时候，不要轻易靠近海边或是江河入海口。在沿海地区，如果得知附近即将发生地震，一定要提前做好预防海啸的准备。海啸有时也会在地震发生几小时后到达离震源几千千米远的地方。

2. 浅海区域突然出现一道"水墙"

在海边的时候，如果看到在离海岸不远的海面，海水突然变成了白色，同时在它的前方出现一道"水墙"。这种情况的出现很有可能是因为地球的断层出现破裂，并垂直移位数米，将巨浪海水排出海床，把海浪推出数千千米，形成"水墙"。海啸形成之后，海啸波已由远海传至近海，前浪的波速会逐渐减慢，但后浪的波速仍然很快，当两股浪潮融合在一起时，海水陡然增高，就会出现几米甚至几十米高的巨浪。海啸的排浪不同于通常的涨潮，海啸的排浪非常整齐，浪头很高，这就是人们常说的一道"水墙"。这样的排浪是海啸的专有特征，看到这样的预兆需要尽快设法逃生。

有记载的第一次引发大海啸的大地震，是发生在 1960 年 5 月 22 日的智利太平洋沿岸的 9.6 级地震。这次地震举世罕见，不仅震级第一，破裂长度第一，而且还造成了海底地壳变形范围达到 700 平方千米。在智利 500 千米长的海岸上，海啸造成的波浪最高达到 25 米，平均波浪高度也有 8～9 米。海啸以最快的速度横越太平洋，在地震之后 14 小时在日本登陆，并形成 6～8 米的大浪袭击了日本沿岸，使日本沿海受灾十分严重。

最近发生的一次巨大的海啸灾难至今为止依然让人记忆犹新。2004 年，发生在印度尼西亚苏门答腊西北近海的 8.9 级地震，这次地震是除智利地震以外有记载的最大的地震了。地震引起的海啸浪高达 10 米，横扫印度尼西亚、斯里兰卡、印度和泰国沿岸。地震所引起的海啸需要半个小时才到斯里兰卡，到泰国和马来西亚西海岸则需要一个小时的时间。而人们只要 15 分钟就能走到内陆安全地区，却因当地缺乏报警系统和人们对灾难异象的无知而导致惨痛悲剧的发生。

3. 海水突然出现暴涨和暴退现象

海面出现异常的海浪。当海底发生地震，因震波的动力而引起海水剧烈的起伏，会形成强大的波浪。而海底的突然下沉，海面上的水流也会相应地流向下沉的方向，出现快速的退潮。这种现象在距震中数百千米以内的沿海经常能够看到，一般发生在大地震后的 10 ~ 20 分钟。当海水出现这种异常现象时，一般距海啸的时间最短只有几分钟，最长可达几十分钟。由于海啸的能量释放是通过作用于水来传播的，一个波与另一个波之间有一段距离，这个距离，就是海啸来临前的最佳逃生时间。

海啸来袭之前，一般情况下，海水总是突然退到离沙滩很远的地方，一段时间之后海水又重新上涨，为什么会出现这种情况呢？这主要是因为地震发生时会造成海底地壳大幅度沉降或隆起，使海水大量聚集转移而形成的。

通常情况下，出现海平面下降的现象是因为海啸冲击波的波谷先抵达海岸。波谷是波浪剖面低于静水面的部分，如果它先登陆，海面势必下降。同时，海啸冲击波不同于一般的海浪，其波长很大，所以在波谷登陆后的一段相当长的时间，波峰才能抵达。但是，这种情况如果发生在震中附近，那它的形成就另有原因了。地震发生时，海底地面出现一个大面积的抬升和下降，这时，震区附近海域的海水也会随之抬升和下降，从而形成海啸。

2004 年印尼大海啸之前的几天，在马来西亚的吉打，来自沿海村落的渔民打到的鱼是平日的 10 多倍，他们只是认为这种异常的现象是来自上帝的礼物。海水的情况也很奇怪，涨潮的时候比平时涨得高，退潮的时候也比平时退得远。海啸的最后一个预兆出现在海啸发生当天，当时大大小小颜色各异的罕见鱼类纷纷被海水抛落到海滩上，海面也开始"奇怪"地翻滚。当渔民看到岸边的海浪突然后退了100多米，几分钟之后几层楼高的滔天巨浪向岸边汹涌扑过来的时候，人们才意识到灾难降临了。

4. 大量的鱼游至岸边

浅海出现大量深海鱼类。深海和浅海不同，两者之间有着巨大的环境差别，深海鱼类更适合在深海生存，绝不会自己游到浅海，出现此种反常现象，就是一个预兆，它们很可能是被海啸等异常海洋活动的巨大暗流卷到浅海的。例如，印尼地震发生前几天，出海打鱼的渔民每天打鱼的数量剧增，而且有许多平时罕见的鱼类。当地的沙滩上也出现了很多应该生活在2000米以下深海中的鱼类。所以说，深海鱼出现在近海的异常现象，就是海啸来临前的预警，必须高度重视，及时做好充分的防御措施以减少人员伤亡。

5. 海面上冒出很多气泡，并发出"滋滋"的响声

当你在海边游玩或嬉戏时，如果突然发现海水像"开锅"一样，海面上冒出许多大大小小的气泡，这种现象是海啸将要出现的征兆。

6. 动物出现异常行为

动物比人类敏感，在各种灾害到来之前能够比人类更早地察觉到这种危险的存在，所以种种动物的异常行为也可以给我们提供一些有效的信息，作为灾害来临前的先兆。比如，当众多的海鸟突然从你的头上惊恐飞过，你应该有所警觉，这很有可能是它们受到远海狂浪的惊吓所致，或许它们已提前感受到此海区的异常。曾有

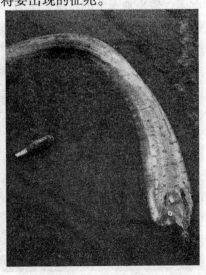

一次海啸来临前，大象惊恐，发出不同寻常的刺耳吼声，引起人们的注意，及时采取预防措施进行逃生，从而拯救了数十位国外旅游者的生命。还有人看到几百只黑羚羊，群体狂奔上山，在山上躲过了一场海啸。

此外，发生海啸时，通过氢气球可以听到次声波（即频率小于20赫兹的声波）。次声波不容易衰减，不易被水和空气吸收，常会引发"隆隆"声。

在海边收到海啸警报后该怎么办

若听到地震在附近发生的报告，就要为预防海啸做好充分的准备，因为，有时地震发生几小时后，离震源上千千米远的地方就已经遭到海啸的侵袭了。

在接到海啸警报后，为避免发生漏电、火灾等事故，应该立即把电源切断，把燃气关闭起来。

如果当时你正在学校上课，收到海啸警报时，要主动听从老师和学校管理人员的指示，采取相应的行动。

如果你当时正在家里，收到海啸警报时，应迅速把所有的家庭成员召集起来，撤离到安全的区域，千万不要因为顾及家中的财产损失而丧失了逃生

的时间，同时，对当地救灾部门的指示要予以积极的响应。

如果你当时正在海岸边，当你感觉到了强烈的地震或者长时间的震动时，应该立即远离江河、海边的入海口，迅速往附近的高地或是其他安全的地方躲避；倘使你没有感觉到震动，但却收到了海啸的预报，为防万一，也要立即往附近的高地或是其他安全

的地方躲避。同时，通过电视或收音机等通信手段掌握最新的信息，在海啸警报没有解除以前，千万不要靠近海岸。

海啸预防措施

1. 借助动物来预防海啸

海啸的发生往往给人类造成巨大的损失，但是各种资料和种种迹象表明，动物对灾难的来临比人类敏感。2004 年的印度洋海啸中尸横遍野，却没有一具是动物的尸体。斯里兰卡野生动物保护局副局长拉特纳亚克说："没有一头大象丧生，甚至没有一只野兔死亡，我想动物可以感觉到灾难即将来临，它们有第六感，能预知海啸发生的时间。"专家根据事实依据发现，动物对自然灾害是天生敏感的，尤其是野生动物。印度尼西亚苏门答腊岛野生老虎保护处的工作人员戴比·梅尔特认为："动物的听觉极其灵敏，它们极有可能提前察觉到海啸将至。另外，海啸引起的振动会导致气压变化，而气压变化又能起到预警作用，并提醒动物向安全地带迁、移。"也有一些专家指出，动物拥有"第六感"，但是目前这种说法并没有充足的科学依据可以证明。南非约翰内斯堡动物园的动物行为专家马修·范·利罗普说，火山爆发或地震发生前，有狗会狂叫、鸟类会迁徙等许多说法"是没有这方面的专门研究，因为你不能在实验室或者在旷野中对此做出验证。此次印度洋海啸中发生的事例为动物有'第六感'新的证据"。随着人类对动物了解的逐渐深入，未来也许可以更好地借助动物的行为变化来预防灾害。

2. 根据不同的地理位置来预防

根据不同的地形，可以选择不同的避难设施。以日本静冈县的海啸防御体系为例，在距离海边不到 10 米的地方，最好是附近有一座小山把它削成平台，或者是有一个高处的平台，作为紧急避难地。在斜面上要建好避难台阶，

并在台阶入口处设置引导避难的标志，平台最适宜高度为 12 米、面积 600 平方米左右，都用水泥固定。尤其是海啸多发地，海岸被开辟用来作为旅游场所的地区，这种设施更加有必要。一旦出现海啸先兆，来不及逃离的人们马上就可以登上这里，根据实际情况再想办法求救或者转移。还可以在离海边 3 千米以内的地方建造临时避难地，作为社区防灾中心。中心需要用钢筋水泥建造，设有防灾仓库、厨房和残疾人、老人护理室等设施。防灾仓库物资储备应该齐全，如帐篷、发电设备、抽水机、太空食品和简易厕所等，可供来不及撤离或者家园已经被毁的居民在此暂时居住生活。

在海啸发生时，首要的原则是人们应该尽量往高处跑，一般来说在高处受到海啸的影响较小。

3. 利用电脑管理软件预防

一种名为"防灾 GIS"的地图信息管理软件可以对小范围内的一些危险地段实行 24 小时监控。一旦险情出现，灾情会形象地表现出来。总指挥处立即启动救灾机制，进行预警并展开救援工作。比起建造防灾设施，政府的紧急应对体制和居民的防灾意识更重要。

政府可以不定期地通过印制地震防灾手册、组织参观防灾博物馆、定期避难演习等措施提醒居民提高防范意识、学习防灾知识，灾害来临前能做到未雨绸缪。

根据历史记录和科学分析可以看出，远洋海啸对我国大陆沿海影响较小。但我国台湾沿海，尤其是台湾东部沿海，地震海啸的威胁不容忽视，尤其是由近海地震引起的局部海啸，应给予高度关注。

4. 红树林对台风和海啸的防御作用

红树林大多属于红树科，是一种罕有的木本胎生植物。所谓的红树林是指由红树科的植物组成，组成的物种包括草本、藤本红树。这种树种的外皮以内的韧皮部多含丹宁（鞣酸类物质）使得树干呈现红色景象，红树林因此而得名。红树林大多生长于陆地与海洋交界带的浅滩，是陆地向海洋过渡的特殊生态系。

红树林是一种物种非常多样化的生态系统，生物资源量非常丰富。这种生物资源又是可以持续利用的，原因主要是红树的凋落物也就是它的残枝败叶是海洋生物很好的食物。生活在红树林中的鸟类可以啄食鱼虾，微生物能够分解着鱼虾的尸体和植物的枯枝败叶，并把它们还原于海底土壤中。通过这样的食物链转换，红树林就像一个天然的养殖场，为海洋生物提供良好的生长发育环境。再加上红树林大多生长于亚热带和温带，所以，红树林区还是候鸟的越冬场和迁徙中转站，更是各种海鸟的觅食栖息、生产繁殖的场所。

红树林还有一个很重要的生态效益，那就是它的防风消浪、促淤保滩、固岸护堤、净化海水和空气的功能。红树林的根系发达，在海中盘根错节，能有效地滞留陆地来沙，减少近岸海域的含沙量；茂密高大的枝体宛如一道道绿色长城，有效抵御风浪袭击。

1958 年 8 月，一场历史上罕见的 12 级强台风袭击了福建厦门，随之出现了强大而凶猛的风暴潮，这场灾难几乎吞没了整个沿海地区，人民生命财产损失惨重。但近在咫尺的龙海县角尾乡海滩上，因受到高大茂密的红树林的保护，该地区的沿岸受到的波及影响很小，农田村舍损失甚微。

1986年广西沿海发生了百年不遇的特大风暴潮，合浦县398千米长海堤几乎全被冲垮，但凡是堤外分布有红树林的地方，海堤就得以幸存，经济损失也很小。红树林附近的民众都把红树林看做是他们的"保护神"。新中国成立前，广西山口红树林附近的村民，曾以捐钱捐米的方式，并雇请专人看护这片红树林。

1982年，曾有华侨特地从南洋带回"秋茄树"等各种红树林种苗在中国沿海进行育种栽植。

1996年9月，雷州半岛遭受历史罕见的12级强台风袭击，团结堤和安圹堤几乎毁于一旦，被冲破100多米，损失严重，而有红树林带保护的地方，沿岸群众的生产生活几乎没有受到任何影响。

1999年，罕见的强台风再次袭击东南沿海，厦门集美凤林湾一带数千米沙石海堤全部被冲毁，甚至海岸线上的防护林木也被大面积地吹倒或折断，滩涂养殖也都付之东流，毗邻红树林海域及周边的生态却安然无恙。

2003年，第七号台风"伊布都"携带3～4米的海浪在沿岸登陆，在5000多亩红树林的保护下，广东省恩平市横陂镇的10千米海堤安然无恙，而没有红树林的另外5千米高级海堤，被狂风巨浪完全冲毁，造成直接经济损失达到数千万元人民币。

2003年7月，强台风"榴莲"在广西北海登陆，使我们再一次见识了红树林"海岸卫士"的作用：全市沿海受到红树林屏护的海堤安然无恙，海堤护卫的 2000 多亩农作物没有受到影响。而没有红树林阻挡海浪的海堤毁坏109 处，多处出现巨大缺口。与此同时，有 58 艘渔船因为驶进红树林潮沟躲过了劫难，而 6 艘来不及驶入红树林的渔船，瞬息间即被台风打入海底。

2004 年年末，在印度洋地区海啸灾难中，数十万人口受到严重灾情的影响，而所有有红树林的地方全都得到了很好的保护。

为什么种植红树林与否会有这么大的差别呢？

这主要是因为红树林生长在这样复杂、特殊的环境中，它们的形态结构都根据环境而发生了变化，强大、密集的根系更加坚固稳定，不仅支持着植物本身，也保护了海岸免受风浪的侵蚀，形成一道道遮挡台风的天然屏障，抵御台风、海啸，护卫海岸沙滩，使沿海的村镇和农田免受风浪潮汐的袭击。因此红树林被称为"海岸卫士"。

红树林还有一个奇妙的"胎生现象"，幼苗生长在母体中，脱离母体后，

就能在高盐含量的海水中生活。这是红树林生活在海滩、海湾和抵御台风、海啸的必要条件。红树林的叶子具有和其他盐生植物一样的生理干旱的形态结构，叶子革质表面光滑，有利于反射海岸强烈阳光的照射，还具有能排出体内过多盐分的分泌腺体。这些特征是很重要的，是保证红树林在恶劣环境中得以生存的重要特征。

红树林的功效如此实用和重要。因此，我国对红树林采取了一系列的保护措施，并制定了相应的法律法规来加以保护。然而，得到国家和地方法律、法规保护的 10 多种红树林并没有能够幸免于刀俎之灾。近几十年来，特别是最近 10 多年，围海造地、围海养殖、乱砍滥伐等种种人为影响，使红树林面积减少，由 40 年前的 4.2 万公顷骤减到只剩下了 1 万多公顷，不及世界红树林总面积的千分之一。几个国家级红树林自然保护区也都遭到不同程度的砍伐破坏，其中尤以广西壮族自治区砍伐红树林为甚。全区原有红树林 22 387 公顷，到 1993 年仅剩 5654 公顷。甚至，广西近几年已砍伐和已列入填海造地规划的（已批准）即将砍伐的红树林还有将近 1000 公顷之多。

已经列入《中国湿地名录》、国家保护的重要湿地之一的福建龙海红树林保护区，1998 年龙海市政府未经保护区主管部门批准，耗资 2500 万元强行建设一项围垦工程用于养殖，面积达 460 公顷，将危及超过 33 公顷的红树林的生存。

2002 年，广东湛江红树林国家级自然保护区被列为国际重要湿地。然而厦门西海域，20 世纪 80 年代在东渡等海域仍有成片红树林，随着这几年的围海造田的不断扩大已经逐渐消失不见了。

但是，红树林对于沿岸生态环境和沿岸居民来说，实在是太重要了，它能够直接地挽救数以千万的经济损失，为什么一定要在灾难过后再去怀念它的好处呢？让我们都行动起来，为保护红树林而努力做到以下几点：

各级政府是沿海防护林体系建设的责任主体，应该严格按照防护林的保护措施保护红树林的发展规划，减少灾难的形成胜过灾后的积极救灾。

各地要积极争取本级政府和有关部门的支持，严厉打击和制止乱砍滥伐红树林、乱征滥占湿地等违法活动，人为破坏红树林的现象一定要得到严格控制。

要加大红树林的恢复与营林力度，对红树林宜林滩涂采取人工营造措施，加快红树林资源恢复，使其尽快发挥效益和作用。让人民充分认识红树林的功效，才更有利于红树林的保护和建设。

加强国际合作，借鉴国外先进技术和经验，提高我国红树林的保护建设水平。

最主要的还是要加大宣传力度。目前，大家对红树林还缺乏足够的认识，更谈不上足够的重视了，这严重地影响了红树林的保护与发展。要充分运用各种宣传手段，深入持久地宣传红树林保护与建设的重要意义，从我们自身做起，提高认识，才能增强民众保护和参与的自觉性，为红树林资源保护与发展创造良好的社会环境。

海啸防灾减灾工作

海啸防灾减灾的好建议

印度洋大海啸发生以后，引起了国际上的普遍关注，同时，各国对防灾减灾方面的工作也进行了反省。我国的专家、媒体、人民团体及政府官员对于海啸的防灾减灾工作，提出了以下几方面的建议。

1. 大力普及防灾减灾科学知识，增强全社会防灾减灾的意识

各级宣传部门要把防灾减灾宣传真正纳入年度宣传工作计划，并组织拍制科教片，在各级电视台播放。同时，教育部门要把防灾减灾知识组织起来，并编制成课本，列入中小学的教学计划中，使学生对其有一定的了解并能掌握一定的防灾减灾措施。如此，通过这些积极、广泛、科学、有效的宣传，提高全民的防灾减灾知识水平。

2. 把防灾减灾工作纳入社会发展和国民经济的规划中

在国务院制定规划时，建议把防灾减灾工作安排到适当的"位置"，使防灾减灾科学技术现代化进程能够加速推进，让防灾减灾的科技能力得以提升。在将气象、地震、海洋地质灾害的综合防御工作继续加强的同时，也要把沿海地区的地震海啸预警系统尽快地建立起来。

3. 加强防灾减灾的基础研究

自然灾害的预测预报不但涉及了观测和实际条件，也涉及灾害的成因与有关前兆的机理，在当代自然科学领域里，它是难度很大的前沿课题。它的发展历史比其他科学领域短暂，它还有其他特点，如综合性强、难度大、要经过长时间的探索等。所以，建议科技部和国家科学基金会设立防灾减灾研究课题，加大对这方面科研工作的支持力度。

4. 进一步健全防灾减灾的法律法规体系的建设并强化监督检查

由于防灾减灾涉及了社会经济生活的多个领域，所以，要在各级政府领导下，把广大社会公众和全社会各方面的力量动员、组织起来，进行协调一致的努力，将灾害降至最低。它的实现需要健全的法律法规为基础。

我国作为国际太平洋海啸警报系统成员单位，要加强国际间海啸预警预报的合作，加强与发达国家开展预警预报的技术合作研究。

普及防灾减灾科学知识要从娃娃抓起

重大灾难的一次次侵袭，给人类的生命财产带来了重大的损失，家破人亡，流离失所，生命越发显得脆弱起来。大力普及防灾减灾科学知识，增强全社会防灾减灾的意识，这并不是一个口号，还要付诸行动。

华中师范大学博士生导师、十届全国人大代表周洪宇呼吁：我国应着手进行全民族生存教育的立法调研，从法律层面唤起加强全民族生存教育的意识。此外，他还指出，生存教育是指发生灾难时，人们能够根据事故现场的环境作出准确的判断，然后，镇定地运用自救逃生的基本知识和技能，把风险规避掉，脱离现场，使生命得以保全，它与一般意义上的安全教育并不是一致的。

对于这方面的知识，最佳的教育就是从小时候开始，这样，才能更好地提高民众在这方面的素质，当灾难发生时，我们才能更好地应对。

加强学校安全教育

相关信息显示，学校对安全教育的重视程度越来越高，很多学校都专门开设了安全课，邀请交警或其他相关部门的专业人员来给孩子上课。但是，我国现在的安全教育存在着一个通病——没有广阔而新颖的模式，大多只是让孩子出门时不要忘了关煤气、不要忘了带钥匙、不要和陌生人说话等老生常谈。

开展生存教育的学校很少，即使有，其内容也往往只限于防水、防火、防蛇咬等，很不全面，而对地震、雪崩、海啸、龙卷风、泥石流等自然灾难，要进行怎样的生存自救却没有足够的重视。孩子们对于地震、海啸等自然灾害知识不仅不了解，而且对山川、荒野、极地、大海也不甚了解。

孩子人生教育的重要内容是自我保护以及如何保护他人的知识。对于

灾难的预防和应对知识，学校不仅设有专门的课程，而且，还以多种形式对学生加以强化训练，这些知识已经被设定成孩子们的必修内容。比如，在地震多发国之一的日本，为了让孩子在地震中能够保护好自己，在幼儿园时，学校就开设了相关课程，给孩子灌输预防和应对灾难的知识。

生态环境与海啸防灾的关系

珊瑚礁和红树林的生态功效

海啸灾害发生后，首要任务是对受灾人群进行援助，联合国环境项目在救助的同时评估了海啸对环境造成的影响。该项目的世界环保监测中心珊瑚礁部门主管斯特凡·海因指出，早期的报告显示，以前发生海啸灾害的地方，许多珊瑚礁都遭到了大面积破坏。

海啸退却时会把陆地上的泥土带走，还会把一些其他的残骸带回海里，这种现象被称为"浊流"，这也是科学家们最担心的。这些污浊物流入到海里以后，会覆盖在沿海的珊瑚礁上。珊瑚礁是一种高度多样化和复杂的生态系统，其中最重要的环节是珊瑚虫和共生藻类，它们的生存都离不开阳光。这种陆地"浊流"附着在珊瑚礁的表面，遮住阳光，造成珊瑚礁的毁灭。

早期的救灾研究报告指出，海啸发生

时，许多深海鱼类被冲到浅海，甚至冲到岸上，大量的珊瑚礁生物也被海啸移动到了别处，需要很久才能得到恢复。

专家指出，珊瑚礁是鱼类繁殖的主要生态系统，也是世界上最多产的生态系统之一。在许多受灾的小镇和村庄，人们主要以捕鱼为生，所以成千上万的海岸沿线渔民的生存要依靠这些珊瑚礁。因此，在防范海啸和灾害重建中，要充分考虑珊瑚礁社会经济的重要性。珊瑚礁一定要得到充分的重视。

此外，珊瑚礁对于一般规模的海啸还具有一种天然的防护作用，至少能够减缓海浪的冲击力。和珊瑚礁同样有防护作用的生态系统还有红树林。从历次海啸受灾的区域看，红树林较多或保存较好的地方，灾情都相对较轻。珊瑚礁是一种天然的防波堤，而红树林则是天然的减震器，不仅在海啸中如此，对于洪水和龙卷风也一样。

红树林并非单指某一种植物，而是一种能够经受盐分的木本植物群落。目前，全世界约有 60 种属于红树林的植物。红树林多生长在热带地区，位于高潮线和低潮线之间。

红树林对近海渔业意义重大，是海洋生物的重要养料供应者。红树林区是多种鱼、虾和蟹等经济海产隐蔽、生长和繁殖的良好场所。

美国国家海洋和大气管理局曾经做过专门研究，近海的红树林、河流入海口和海龟产卵地如果被海啸淹没，将会对海洋食物链的波动产生不利影响，几十年才能恢复。各国的环境科学家讨论在印度洋周边国家建立海啸预警系统问题时指出，把海啸灾难损失降到最低最简单的办法，就是在海边营建一个自然生态网，培养红树林。

在印度的泰米尔纳都邦，长达 620 英里（1 英里＝1.6093 千米）的海岸线，却只有 62 英里红树林生态区的面积，远远低于专家建议的红树林达到 70% 的密度。只有达到 70% 的密度才能在灾难中挽救数千人的生命，而且也能为当地人的生活提供足够的食物和木材资源。

自然屏障毁于人祸

珊瑚礁和红树林面临着严重的生存威胁，海啸袭击只不过是其中的一种，还有其他各种自然的和人为的因素影响着它们的生存。比如，1998 年出现的海水异常升温，引发了一种"漂白"的现象，对世界上 75% 的珊瑚礁都产生

了不利影响，海水的异常升温使得珊瑚虫排斥维持它们生存的藻类，珊瑚礁慢慢都变成了白色。如果水温在很长一段时间内持续高温的话，就会造成珊瑚虫的死亡。

除了这些不可避免的自然因素外，各种各样的人为因素也要对珊瑚礁的不利生存环境承担责任。比如，采用爆破手段等不可持续的捕鱼方法过度捕鱼、土壤腐蚀、海洋项目的盲目开发和过度采集珊瑚礁中用于建筑的原料等。

人类为了取暖、建筑等原因肆无忌惮地砍伐森林，尤其是盛产于河流入海口的红树林，遭到了大面积的砍伐和破坏。缺少红树林保护的干燥地区吸收大量海水，造成土壤盐分的持续增加，使庄稼或其他植物没有足够的养分而难以存活。

印尼方面研究发现，一次海啸造成的灾害至少需要4年时间，才能使海啸灾区的生态环境得以恢复，然而海啸是频繁发生的，有时不只一年一次。因此，为了人类的生存，要避免给红树林和珊瑚礁等生态系统带来更大压力，以便让它们在最短的时间内恢复正常功能。

生态救灾

灾害发生后，虽然各地都积极踊跃地捐款捐物，但这只能暂时地缓解海啸灾民生活窘迫的危机。现在国际社会及当地政府必须从物资救灾转移到"生态救灾"，不仅要积极地救助灾害还要更加有效地防范灾害的发生，以保护印度洋沿岸的生命财产安全和生态平衡的和谐发展。

根据新闻报道的描述，我们可以知道印度洋海啸受灾小镇的被毁程度。但是，灾难造成的长远灾害却是我们用眼睛看不到的，也是无法估量的。然而，对海洋生物造成的影响又如何呢？海啸来袭时，陆地和海洋以一种非常恐怖的形式结合为一体，房屋建筑和被连根拔起的树被席卷到海里，而深海鱼类和鲨鱼等海洋生物则被活生生地丢在空地和停车场。

海啸对海洋生物造成的影响是无法估量的。最近，越来越多的科学家和自然保护主义者强调：这些沿海小镇的将来，与脆弱的海洋生态系统是紧密地联系在一起的，要妥善地监管和保护这些珊瑚礁和红树林。

海啸灾害发生后，在各国纷纷伸出援助之手进行物资救灾的同时，"生态救灾"——这种对于当地人未来生存有长远影响的行动也是刻不容缓的。的确，现在许多外国政府和国际组织在对印尼提供物质援助的同时，也积极帮助印尼海啸受灾地区恢复生态环境。

第四章

海啸灾难中如何自救

面对海啸来临时的自救

海啸虽然只是一种海浪，但它却具有强大的破坏力。这种波浪运动会引发汹涌澎湃的狂涛骇浪，它能够卷起可达数十米高的海波。当这种含有极大能量的"水墙"冲上陆地后，可以所向披靡，对民众的生命和财产造成严重的损害。

2004年12月26日，当地时间为上午8时的印度尼西亚苏门答腊岛以北海域，发生了强烈的地震，后来，据国家地震网测定，此次地震的级数为里氏8.9级。不过，这场灾难并没有完结，它还引发了海啸，造成了重大人员伤亡，波及的区域包括南亚和东南亚多个国家，由此引起了人们对海啸的极大关注。

了解海啸征兆和自救常识，并不只是知识面的扩充，关键时刻还可以挽救生命。如果遭遇海啸应该如何自救呢？

收到海啸警报后，在港湾的船舶不要继续停在港口，应该立即向深海区域驶去，航行的海上船只也不要回港或靠岸，要立即驶向深海区。假如来不及开出海港，那么，停泊在海港里的船只中的人也要马上撤离到安全的高地。

海啸登陆时，海水常常会有明显降低或升高的现象，倘使你看到海面有异常快速的后退，要立刻撤离到内陆地势较高的地方，假如你已经来不及转移，可以暂时躲避到修建于海岸线附近的一些坚固的高层建筑的上部。但是，千万不要躲进海边低矮的房屋里面，它们在海啸面前，往往不堪一击。

在海啸来临时，倘若你不幸落入水中，千万不要惊慌失措，镇定地观察周围是否有木板等漂浮物，如果有，要尽可能地将其抓住，避免碰撞到其他硬物；尽量让身体漂浮在水面上，不要举手，不要胡乱挣扎，除非游泳能使你回到岸上，否则要尽量保存体力；如果你感到口渴，千万不要喝海水，那样只会越喝越渴；如果海水的温度偏低，千万不要把衣服脱掉；如果你附近还有其他落水者，要尽可能靠在一起，积极地互相鼓励、互相帮助，尽力让救援者易于发现你们的踪迹。

自救要领

由于海啸必经海岸、沙滩，所以，在海啸来临时，要远远逃离这些地方，同时，也要尽量避开河流、谷底、山涧，如果当时你正在其附近，也要尽力躲避到两侧的山丘、斜坡上。

在收到海啸警报后，不要接近狭窄的巷子及有密集建筑物的地方。最好

的躲避位置是高地，倘若你来不及撤离到高处，可以暂避到坚固的高大建筑物上。

如果海啸来临时，你正处在船舶甲板上来不及撤离，为避免被甩进海中，应紧紧抓住船上牢固的物体。

在躲避了 2 小时后，如果海啸警报仍然没有解除，那你最好还是待在原地躲避，因为避开海啸的时间应在 2 小时以上。

落水之后如何自救

如果不幸被海水卷入，应该尽量抱住身边的木板、树木等漂浮物，同时尽可能地保持冷静，并保持求生的欲望。被卷入水中时，要尽量避免喝入和吸入过多的海水。即使感到干渴，也不能喝海水。海水含有大量盐分，进入身体后会使身体严重脱水，还会令人产生幻觉。吸入海水会使肺部充水，导致呼吸不畅，最终使人缺氧。

抢救落水者

将落水者救起来后，应该让他尽快恢复体温，如披上大衣、毛毯或被子等保暖物，或直接进入温水里面浸泡，不要对其进行局部按摩或加温。

不要让落水者饮酒，可以适当地给他喝一些糖水。

倘若落水者受了伤，应该立即对其采取急救措施，如止血、包扎、固定等；倘若落水者受伤比较严重，那么，应当及时将其送到医院进行紧急抢救。

为避免溺水者窒息，对其口腔、鼻腔和腹内的吸入物，要及时进行清除。具体做法是把溺水者的肚子置于施救者的大腿上，然后，施救者按压溺水者的后背，让其倒出海水等吸入物。

倘若溺水者被救上来后，已经停止了心跳、呼吸，应该立即交替着对其进行心脏按压和口对口人工呼吸。

自救案例

对海水深度敏感的土著民族

2004 年 12 月 26 日，发生的印度洋特大海啸引起了社会各界的广泛关注，其中，很多媒介都以《海啸逃生奇闻·英国女孩智救百条人命》为题，对这场海啸中一些相关的自救互救案例作了相关的报道。这个例子我们在前面就已经提到过，除此以外，还有一则奇特的报道。在海啸发生后，世人曾

一度对生活在印度偏远岛屿安达曼—尼科巴群岛的原始部落极为担心，认为他们很可能已经"从地球上消失"。然而，随着美联社对这个原始部落进行报道后，人们才知道，其实不用担心这个有着约7万年历史的"史前部落"，因为早在那场灭顶之灾来临之前，他们就已经举家逃离了海滩。

从报道中我们得知，在安达曼—尼科巴群岛上生活的原始部落的居民，其总人数仅有400～1000人。根据人类学家对其进行的研究发现，7万年以前，这里就有他们的祖先生活的痕迹了。

印度环境专家罗伊说："这些土著们不仅能够嗅出海风的味道，而且可以凭借划桨的声音测量海水的深度。一句话，他们拥有现代人所不具有的'第六感'。"据人类学家和印度政府官员分析，这些土著居民世代相传的"逃生秘籍"是他们赖以求生的法宝，其中，包含了诸多古老的知识，如海潮、风向以及鸟类动向等。

这些原始部落一直以来都保持着与外界隔绝的生活状态，他们对任何私闯进来的不速之客"深恶痛绝"。有一件让人啼笑皆非的事发生在海啸之后，一名驾着救援直升机的印度海岸警卫队的指挥官惊喜地发现岛上有幸存的土著居民时，迎接他的竟然是部落里的一名裸体男子朝着直升机射出的一支冷箭。

永不放弃

2004年12月26日，当地时间为上午9时30分左右，属于辽宁省大连海洋渔业集团公司的大型远洋鱼品冷藏船"海丰2023"轮，在马尔代夫库都港停靠，突然，海面上浮现出了大量的带鱼和鳝鱼，开始船员还抱着"看热闹"的心态观看。但是，海水在极短的时间内如被烧开似的喷涌起来，其水位的起伏也极其变幻莫测，在2～3分钟的时间里，就有高达1.5米以上的水位差，在水位上涨的时候，海上的船只以及整个海岸都遭受到了喷泉似的海水的冲击。

上下颠簸的"海丰2023"轮开始随着波浪起伏。在这个时候，船只根本不能出港，而且，船舶因为强大反差的海水，已经没有办法操纵了。拴牢所有的缆绳是现在唯一可以挽救船只的办法，在夏重族船长的指挥下，全船人员都加入了缆绳的加固工作中。如果缆绳断了，就把它重新接上，如此反复，13根缆绳中，其中有6根断了8次。发着脾气的大海，直到了中午时分，才渐渐平静下来。轮船在全船人员团结奋战的努力下，终于得以保全，摆脱了可怕的险境。

回到大连后，"海丰2023"轮全体人员由于在海啸中的奋勇抗险保住了

轮船，受到了集团的表彰，并得到了 3 万元的奖励。假如该船提前收到海啸预警信号，那么，船员就能将其安全地驶离港口，不会遇到那样的险境；像这样没有得到海啸预警信号的条件时，要靠着自己的力量，全力抗击突如其来的灾害，才能保住宝贵的生命和财产。

第五章
我国面临的海啸灾害

我国海区是否也是海啸的多发区

中国地处太平洋西岸，濒临环太平洋地震带，东面又邻发生地震海啸比较多的国家——日本。那么，这些因素会不会给中国造成不利影响，使中国海区也成为海啸的多发区？

根据历史资料的记载，从公元初到现在，2000 多年的时间里，中国海区仅仅发生过 10 次地震海啸，平均约 200 年才有一次。这说明中国沿海发生地震海啸不是很频繁。这是为什么呢？这主要是由于中国海区的地理形势造成的。中国海区大都处于大陆架上，地势坡度很小，水深较浅，一般都在 200 米以内；在地质构造上，也很少出现大断裂层和断裂带，如果在中国海区发生较强的地震，一般也不会引起海底地壳大面积的升降运动。换句话说，就是中国海区缺乏引发海啸的动力。

世界上许多地区海啸灾害极为严重，幸运的是，我国的海啸灾害发生并不频繁，相对来说，危害也没有那么严重。根据历史记载，自公元前 47 年到现在为止，我国共发生地震引发的海啸 27 次，其中 20 世纪发生 8 次，但都属于等级较低、破坏性较小的海啸灾害。

从 1969 年到 1978 年，山东渤海、广东阳江、辽宁海城、河北唐山曾发生四次震级均在 6 级以上的大地震，但是都没有引发海啸。此外，中国的海域辽阔，分布了数以千计的大小岛屿礁滩；从渤海的庙岛群岛到黄海的勾南

沙，东海的舟山群岛、台湾岛、南海诸岛等，这些众多的岛屿呈弧形环分布在大陆海岸周围，就像一道天然的海上屏障保卫着中国大陆土地的安全。同时，在中国近海外侧，有日本的九州、琉球群岛以及菲律宾诸岛拱卫，也是另外一道有效的海上"防波堤"，抵御着外海海啸波的冲击。加之宽阔大陆架浅海海底摩擦阻力的作用，受上述两道防线和广阔浅水的影响，当海啸波从深海传播到中国海区时，其能量已经大为衰减，一般不再构成严重的威胁了。有资料统计发现，中国近海海底地震伴生的海啸概率只有6%，远远低于全球海啸发生的平均水平。能引发海啸的浅源地震，也大多集中在中国台湾岛附近。虽然在中国大陆海区发生海啸的概率较低，但是对中国大陆海区还是有一定影响的。我们依据海啸发生的概率，可以把中国近海分为高、中、低三类地区，分别是台湾岛东岸、大陆架区和渤海区。

1960年，智利发生的那次大海啸，影响到太平洋周边的许多地区，日本也未能逃脱这场灾难。可是，与日本比邻而居的中国在这次海啸所受到的影响却是微乎其微，当智利的海啸波传到上海时，吴淞口验潮站记录到的波高只有15~20厘米；传到广州附近时，闸坡海洋站记录到的海啸，只有一些微弱迹象了。

综上可以看出，中国大陆沿海地区不仅较少发生地震海啸，即使太平洋上发生了大海啸，也不会对中国大陆沿海构成严重威胁。当然，加强地震海啸的研究，建设必要的监测网，做好防范工作，仍然是至关重要的，因为一旦海啸发生，造成的损失是非常惨重的，一定要防患于未然。

中国是一个地震多发国家，地震活动频繁，分布范围广、强度大，几乎所有的沿海省市都发生过或大或小的地震灾害。目前，中国正处在第五个地震活动期的高潮阶段，局部地区很容易发生严重的地震灾害，这些情况都应该引起人们对地震引发海啸的警惕。从中国沿海地震活动情况来看，地震强度和频度相对较高的地区为渤海和黄海地区；东海到南海的黄岩岛附近，因为和琉球群岛、菲律宾群岛地震带相连接，所以，这是地震活动的强度和频度相对最高的地区；华南近海的地震强度较大，但频率相对较小。了解了上述这些情况，有利于掌握中国近海区海啸发生的可能性和趋势。

中国近海海域虽然不易发生地震海啸，但经常会在震后出现 1～2 米高的海浪涌上沿岸。1867 年 12 月 18 日，台湾省基隆北部海域发生 6 级地震，海水倒灌进入基隆市区，造成部分街道和房屋被淹；1966 年 3 月，台湾花莲东北海域发生 7.5 级地震，引发了中等强度的海啸，造成 7 人死亡。地震海啸一旦发生，就会造成不容忽视的海洋灾害，所以，在以上的灾害危险区域，要高度重视地震后引发海啸的可能性。

我国近海历史海啸记载的考证

我国历史悠久，史书记载灾害的条目丰富，就海水或海浪侵袭沿海大陆的现象古人所用的词语有"海溢""海水溢""海沸""海唑""海啸""海水翻上""海涛奔上""海水翻潮""海水泛滥""大风架海潮"等。就记载的年代来看，最早是公元前48年，汉元帝初元元年。此后，历朝历代都有疑似海啸的记载，但绝大多数都不是海啸，其中大部分是风暴潮，是热带风暴和台风所引起，少数是地震波引起海水的震荡所致，有的是近岸地震引起岩石崩塌激发海水的大浪，极少是由海啸所引起。

热带风暴和台风引起风暴潮

在我国史籍记载中那些用"海溢""海水溢""海沸""海唑""海啸""海水翻上""海涛奔上""海水翻潮""海水泛滥"等来描述近岸海浪侵袭沿岸内陆而造成人畜伤亡，冲毁民房、农田、盐场和寺庙，多为风暴潮，由热带风暴和台风所引起。

这些由海浪引发的灾害几乎发生在每年的 5～9 月，最迟到 11 月。这正是我国沿海热带风暴和台风猖狂肆虐的季节，由此而引起风暴潮。

风暴潮，就是当台风移向陆地时，由于台风的强风和低气压的作用，使海水向海岸方向强力堆积，潮位猛涨，水浪排山倒海般向海岸压去。强台风的风暴潮能使沿海水位上升 5～6 米。风暴潮与天文大潮高潮位相遇，产生高频率的潮位，导致潮水漫溢，海堤溃决，冲毁房屋和各类建筑设施，淹没城镇和农田，造成大量人员伤亡和财产损失。风暴潮还会造成海岸侵蚀，海水倒灌造成土地盐渍化等灾害。如，2007 年 10 月 11 日台风"罗莎"席卷杭州以后又冲向连云港，海面风力达到 10～12 级，汹涌的海浪与岸边的礁石相撞击，拦海大堤波涛汹涌，一层层海浪如万马奔腾，连绵不断地涌向岸边，飞溅起 20 多米高的"水墙"，把海堤的护栏冲坏。又如 2006 年第 1 号强台风"珍珠"掀起大浪对漳州沿岸的冲击，造成直接经济损失 37 亿多元，20 人死亡，6 人失踪。强烈的台风无坚不摧，如 2007 年 10 月 7 日，台风"罗莎"吹倒了台北的巨大广告牌，砸坏了一家店面和两辆轿车，2003 年的第 14 号超强台风"鸣蝉"，是目前百年来登陆韩国最强的台风，中心风力 19 级，最大时速每小时 216 千米，至少造成 78 人死亡，24 人失踪，数千人逃离家园。

风暴潮从外在形态和破坏力来看很容易误认为海啸。它们之间的区别在第三章中说得很清楚。在我们古籍文献中的海啸、海溢、海水溢、海潮大多数都是风暴潮而不是现代意义的海啸。形成风暴潮的台风移动路径大体有 3 种。

（1）西进型：台风自菲律宾以东一直向西移动，经过南海最后在中国海南岛或越南北部地区登陆，这种路

线多发生在 10 ~ 11 月。2010 年 10 月 19 日第 13 号超强台风"鲇鱼"就是典型的例子。

（2）登陆型：台风向西北方向移动，穿过台湾海峡，在中国广东、福建、浙江沿海登陆，并逐渐减弱为低气压。这类台风对中国的影响最大，7 ~ 8 月基本都是此类路径。近年来对江苏影响最大的"9015"号和"9711"号两次台风，都属此类型。

（3）抛物线型：台风先向西北方向移动，当接近中国东部沿海地区时，不登陆而转向东北，向日本附近转去，路径呈抛物线形状，这种路径多发生在 5 ~ 6 月和 9 ~ 11 月。如 2010 年第 9 号热带风暴"玛瑙"于 9 月 3 日 14 时在浙江象山东南方大约 1135 千米的西北太平洋洋面上生成，6 日 7 时加强为强热带风暴，6 日 18 时，其对我国海区的影响趋于减弱，8 日凌晨"玛瑙"在日本海南部海面变性为温带气旋。

由此可见，中国东部及东南部广阔的海域和沿岸地带差不多大部分时间都受到台风的侵袭及由此带来的风暴潮的冲击。

地震波引起海水震荡

地震波在固体介质岩石和土层中可传播纵波和横波，而在液体介质水中

只能传播纵波，因此在沿海和滨海地区发生地震，由于海水中纵波的传播引起海水的上下震荡在沿岸验潮站潮位上升几厘米到几十厘米是非常自然的事情。因此，1992 年 1 月 14 日，海南西南

海中发生了3.7级地震，引起海水震荡；1994年9月16日，台湾海峡7.3级地震，东山验潮站海水上升0.26米，澎湖验潮站海水上升0.38米，据此，于福江认为是这次地震引起的海啸。据考证，3.7级、7.3级地震震中附近海域都位于大陆架，坡度非常缓，没有产生海啸源的条件，地震所引起的纵波，足以使海水震荡的幅度达到上述高度，故不是海啸。

地震引起近岸地裂和沉陷

滨岸发生地震，产生地裂缝或局部下陷，海平面降低，致使海水迅速灌入，海平面复又上升，也会造成海啸的假象，毕竟这是浅水中出现的现象。下面几例地震就是如此，而绝非海啸。以下几例都是如此。

（1）1661年2月15日，我国台湾台南附近（北纬23.0°，东经120.2°），发生6.2级地震，安平房屋倒塌，海边城破裂多处，山地发生地裂，海潮至淹庐舍无数。

（2）1754年，我国台湾新竹（北纬23.0°，东经120.2°），发生5级地震，造成土地陷落，许多房屋被海啸破坏。

（3）1917年1月25日，福建厦门、同安，"民国六年正月初三，地大震，海湖退而高涨，鱼船多遭淹没"。

（4）1959年8月15日，我国台湾恒春东南约70千米海底（北纬21.7°，东经121.3°），发生7.1级地震，震源深度20千米。在永靖与港口村等除少数草屋因耐震外，几乎全部粉碎，致17人死亡，68人伤。根据正在溪口处洗澡的当地驻军描述，海边附近之海水降低4～5米，20分钟后复原且溪水

增涨 0.6 米。两边溪岸被海水侵入 4~5 米（溪宽 80 米，水深 1~2 米）。

（5）1605 年 7 月 13 日，海南琼山发生 7.2 级地震，据史料记载，琼山公署、民房崩倒殆尽。县东新溪港（今东寨港）一带沉陷数十村。在震中区海南北部琼山、澄迈、临高、文昌之公署、民房、祠庙、学堂、城郭、坊表等倾圮殆尽，地陷沉海，淹没 72 庄。东寨港是与海水相连的内陆港湾，震中不在海中，而在东寨港湾内，地震只是引起地面局部下沉，海水淹没村庄，并未引起海啸。

地震引起近岸崩塌

据有关报道，认为 1918 年 2 月 13 日，广东汕头、南澳 7.3 级地震，引起 1 级海啸。查我国的近代地震目录记载，地震造成的破坏在震中区南澳全县房屋绝大部分倒塌，云澳发生山崩、山石滚落。在汕头奇碌对岸石山峰峦倾落山下，海水腾涌。这是地震引起山崩、山石滚落海中而激起的涌浪，显然不是海啸。

地震引起海啸

真正属于海啸的仅发生在我国台湾南北近岸，一次是关于 1781 年 5 月 22 日（乾隆四十六年四月三十日）台湾高雄曾有遭海啸袭击的报道：据道光十年（1830 年）陈国瑛辑《台湾采访册》中记述："时甚晴霁，忽海水暴吼如雷，巨涌排空，水涨数十丈，近村人居被淹，皆攀缘而上至树尾，自分必死。不数刻，水暴退。"日本海啸史学家羽鸟德太郎对此也有记述："台湾海

峡海啸，海水暴吼如雷，水涨持续至 8 小时。海啸吞没村庄，无数人民在海啸中丧生。"以上两记录只记海啸，未明记地震。但苏联科学院的两位院士依据从荷兰与英国搜集的资料。断定这是一次地震海啸：台湾西南长约 120 千米的沿海地带，先遭地震破坏，后遭海啸袭击，地震和海啸持续 8 小时之久，安平（今台南市）等 3 镇和 20 多个村庄只剩下一片瓦砾，无一人生还，4 万余居民丧生，无数船只或被毁或沉没，就连伸向大海的海角和岸边的山包都被冲刷掉了，形成新的海湾和悬崖峭壁。一次死亡 4 万余人，但查阅我国的历史强震目录，均无此次地震的记载。

另一次是在 1867 年 12 月 18 日（同治六年十一月二十三日），我国台湾基隆近海发生 7 级地震。同治《淡水厅志》记有："鸡笼头、金包里沿海山倾地裂，海水暴涨，屋宇倾坏，溺数百人。"棕榈岛和基隆岛之间海面有烟雾上腾，海啸致海港内水涌向海外，使远至阎王岩地方成为无水地带，所有的东西被退去的海水卷走；然后海水又以两个大浪涌回，将舢板和上面的人淹没，并把帆船搁浅在基隆对岸，无数的煤船倾覆淹没，一条深埋在沙中多年的旧帆船被冲上岸，淹没百余人。这是一次典型的地震海啸，海啸源并不在基隆，推测在离基隆不远的台东或琉球俯冲带中。

我国近海大陆架不具备
产生海啸的条件

地震海啸的形成是有它特定的地质环境的。按传统的观点，地震使海底地形产生突然垂直位移，引起海水上下扰动而引发海啸。故海啸形成在深海中，至少要大于 200 米的深度，震源深度小于 50 千米，震级在 6.5 级以上，地震类型是倾滑型地震。根据我们的研究，地震海啸的形成是海底的滑坡体和崩塌体，在地震的触发下产生突然滑动和崩塌，引起海水的扰动而形成海啸。因此，必须具备较陡的海底地形，其滑坡体和崩塌体处在不稳定的状态。只要发生地震，不论震级多大，也不论地震类型，只要滑坡体和崩塌体足够大，滑坡较快较远，就可产生足够大的海啸。相反，如果海底不存在滑坡体和崩塌体，即使再大的地震也不能引发海啸。像日本东侧地处太平洋板块向欧亚板块俯冲，发育深海沟，海底地形陡峭，存在大量滑坡体和崩塌体，有强烈地震活动的贝尼奥夫带，因此是海啸多发区。可是，我国东部

渤海、黄海、东海及南海大面积海域都位于缓坡的大陆架，不易产生滑坡及崩塌。虽有一些 6 ~ 7 级的地震活动，多半都是走滑型地震，很少引起地壳垂直位移，引发海啸的可能性很小。

我国近海大陆架海水浅，坡度缓

我国东部海域范围很广，面积很大。自北向南有渤海、黄海、东海和南海。沿岸和滨海、近海都是大陆架，海水很浅，坡度很缓。大陆架是大陆向水下直接延续部分且覆盖有现代海洋沉积的环绕大陆的浅水海底平原。

（1）渤海为东北——西南向的浅海。海底地势从 3 个海湾向渤海中央及渤海海峡倾斜，坡度平缓，平均坡度只有 0′28″。沿岸区水深都在 10 米以内，辽河口、海河口附近水深约 5 米，黄河口最浅处水深不过 0.5 米。渤海平均水深 18 米，最大深度在渤海海峡老铁山水道附近，约 80 米。

（2）黄海为近似南北向的半封闭浅海。海底地势由北、东、西三面向黄海中央及东南方向倾斜。浅处苏北海岸是一片广阔的滩涂、浅水地带，水深不足 20 米。最深处在济州岛北侧，水深 103 米。黄海平均水深 44 米，其中北黄海平均水深 38 米，南黄海平均水深 46 米。但坡度不大，平均坡度为 1′21″，地势比较平坦。深度由东南向北逐渐变浅，如同一个口朝南的簸箕。它有一个明显的由东南向北的低槽——黄海槽，海槽水深 60 ~ 80 米，济州岛以南开始沿黄海中部向西北伸延，分别进入北黄海、青岛外海和海州湾。

（3）东海海底地势西北高、东南低。依海底地形趋势可分为两个区域：西部大陆架浅水区和东部冲绳海槽深水区。大陆架特别发育，最大宽度达 640 千米。是世界上最宽阔的陆架之一。大陆架面积约占整个海区的 66%，北宽南窄。海底地势向东南缓倾，平均坡度 1′17″，平均水深 72 米，大部分海域水深 60 ~ 140 米。陆架外缘在水深 120 ~ 140 米处。东海大陆架又可以

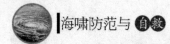

50～60 米水深分为东、西两部分：西部岛屿众多，水下地形复杂，坡度稍陡；东部开阔平缓，只在其东南边缘处有些水下高地，中国钓鱼岛等岛屿便位于其上。东海大陆架上延展着长江的沉溺河谷，它从长江口向东南方向延伸，穿过大陆坡，进入冲绳海槽。

沿东海大陆架外缘分布的大陆坡呈东北—西南向延伸，向东南方向成弧带状，约占东海总面积的 33%。地形陡峻，坡度为 3°～10°。陆坡主体为冲绳海槽，是一个深水槽，形似新月，向东南方向凸出。海槽南深北浅，北部水深 600～800 米，坡度较小；南部水深 2000～2500 米，坡度也大，最大深度 2717 米。海槽在剖面上呈"U"字形，谷底平缓，两侧斜坡陡峭，西坡约 3°，东坡可达 10°。冲绳海槽以东，为露出海面的琉球群岛、九州及各岛屿在水下的岛架。岛架宽度狭窄，九州处为 55.6～92.6 千米，琉球群岛附近为 3.7～222.2 千米。岛架地形复杂，沙滩、岩滩众多。琉球群岛是西太平洋边缘岛弧的一部分，为东海与太平洋的天然界线。

（4）南海是一个被亚洲大陆和一系列岛弧所围绕的半封闭的边缘海。南海海底地形复杂，主要以大陆架、大陆坡和中央海盆三个部分呈环状分布。南海外廓形态像一个北东拉长的菱形，长 3140 千米，北西宽 1250 千米，面积 350 平方千米，水深平均 1140 米，最深为 5377 米，位于马尼拉海沟南端。海底地势东北高、西南低。大陆架沿大陆边缘和岛弧分别以不同的坡度倾向海盆中，其中北部和南部面积最广。在中央海盆和周围大陆架之间是陡峭的大陆坡，分为东、南、西、北 4 个区。南海海盆在长期的地壳变化过程中造成深海海盆，南海诸岛就是在海盆隆起的台阶上形成的。

南海大陆架南北陆架较宽，东西大陆架较窄。水深 0～150 米，其地势由陆缘四周向中央海盆倾斜，坡度较缓为 1′～7′。与我国东南沿海含粤、桂、琼三省（区）的地震活动有关联的大陆架为北部大陆架。

东起南澳岛西至北部湾，其形态呈北东东向宽带状展布，其地形是沿岸陆地地形的延续，水下等深线 50～150 米，与东南沿海海岸线方向大体一致，在图 4～10 中北部浅蓝色的区域。面积约为 402 000 平方千米。

北部大陆架在东西拓展上，两端坡度较大而中间较为宽缓，其宽度一般为 200～220 千米。最大宽度为 278 千米，出现在珠江口外。据中国科学院南海海洋研究所调查，在滨海带和大陆架外缘处（即处于内陆架及陆架外缘位置），地形坡度很缓，分别为 2′～3′和 5′～7′，两者之间的宽达 180 千米，海底平均坡度只有 1′30″，水深 0～150 米。其中尤以 60～100 米的深度带，所占面积最广，该带即处于中陆架至外陆架中部位置，是北部大陆架最平坦的地段。水下形成了 5 级阶地，其相应水深为 15～20 米、30～45 米、50～70 米、80～95 米和 110～120 米陆架外缘水深为 110～150 米。

根据产生海啸的研究和统计结果，海啸产生在海水深于 200 米。海底地形为狭长的海盆中。而我国东部近海大陆架海水深不及 150 米，海底地形又非常平缓，坡度

小于1°，像海底平原。这样一种地形条件和较浅的海水深度是不可能产生地震海啸的。

沿海地震活动特征也无法产生地震海啸

众所周知，引起海啸的地震不仅地震震级要大于6.5级，震源深度在50千米以内，更重要的是，按传统的认识，地震震源类型为倾滑型，也就是正断层型或逆断层地震。如1960年智利8.9级地震，引起特大海啸。即是太平洋板块在智利一带向南美洲板块俯冲，造成断层上下位移错动，致使海水翻腾，引发特大海啸。虽然，我国沿海地震活动也常有6~7.5级的地震发生，但能作出震源机制解的地震多半是走滑型地震，这类地震是很难引发海啸的。

历史上沿海和近海的大地震也未引起过海啸

我国海域从有记载的历史至今，发生过10次7级以上地震，影响范围很广，震中大都在海中，而对大陆的破坏也是很严重的。但我国的史籍资料中，仅有屋倒房塌、地陷地裂、喷沙冒水的描述，却没有海啸横扫大陆的记载。

我国沿海未遭受海啸侵袭是受益于周围岛屿的屏蔽

我国沿海自然环境除因台风形成的风暴潮的影响外，基本上未遭遇海啸的侵袭。这是因为从太平洋来的海啸有环太平洋西岛弧屏蔽。从北而南有：千岛群岛、日本群岛、琉球群岛、台湾岛、菲律宾群岛在东部的阻挡，

使得太平洋东西两岸附近产生的海啸难以达到我国东部沿海，即使到达，海啸波的幅度也很小，不至于引起灾害。如 1960 年智利发生的特大地震海啸，浪高 25 米，从太平洋东岸越过太平洋传到西岸，海啸到达夏威夷，浪高 9～10 米，到日本，浪高 6～8 米，最后传到我国上海吴淞口仅有 15～25 厘米。

我国南海沿岸从未遭到印度洋的海啸侵袭是由于有新加坡、印度尼西亚、马来西亚等国组成的大巽他群岛起到阻挡作用。如 2004 年南苏门答腊特大海啸对广东和广西沿海未有影响。

我国海域可能发生海啸源的地段

据前所述，海水较深，海底地形较陡，常发生 6.5 级以上地震，且多为倾滑型地震，即由逆断层或正断层产生的地震，由此而促使海水上下扰动，进而引发海啸。或地震引起大量海底滑坡，因滑坡体滑动质使海水扰动，引发海啸。具备这样的环境与条件的地段，只有在我国东海海域以东的冲绳海槽、琉球群岛和我国南海东部的马尼拉海沟。

琉球群岛海啸源

琉球群岛是西太平洋边缘岛弧的一部分，为东海与太平洋的天然界线，具备产生地震海啸的地形和水深的环境条件。那里岛架地形复杂，沙滩、岩滩众多，地形较陡。其北为冲绳海槽，是一个深水槽，形似新月，向东南方向凸出。海槽南深北浅：北部水深 600～800 米，坡度较小；南部水深 2000～2500 米。坡度也大，最大深度达 2717 米。海槽在剖面上呈"U"字形，谷底平缓，两侧斜坡陡峭，西坡约 3°，东坡可达 10°。据文献记载，琉球群岛历史上曾经发生过地震海啸。1771 年八重山地震海啸将珊瑚礁推向高处，造成石垣岛的宫良、安良等村庄所有人遇难，八重山各岛溺死者达 9209 人。此外，1901 年奄美大岛近海地震、1911 年袭击喜界岛和奄美大岛的强烈地震、1938 年宫古岛地震、1966 年台湾东部近海地震都引起小海啸。由此可见，琉球群岛是产生海啸源的地段。

马尼拉海沟海啸源

马尼拉海沟位于南海东部，菲律宾群岛的西部，成近南北向长带状延伸。西侧为狭窄的岛坡组成的陆坡，面积为 89 500 千米。主要是沟槽地貌及夹在其间的海底脊岭地貌。由岛架外缘至水深约 2000 米为上岛坡，具有正重力异

常（+150mgal）的基底隆起，坡度为 5°～10°。紧接着是西吕宋海槽，大约从水深 2900 米外延伸到深海盆底属下岛坡，平均坡度为 7°，坡底增至 13°，坡底下即为马尼拉海沟。吕宋海槽沿从南至北的方向断裂发育。马尼拉海沟

161

水深一般 4800 ~ 4900 米，最深点在海沟南端，深 5377 米，海沟全长约 350 千米，马尼拉海沟断裂为俯冲性岩石圈断裂。断裂成生于古近纪，近期活动强烈。早期为张性，成裂谷地堑，晚期转为俯冲与挤压。断裂两盘东陡西缓，南海海盆由西向东俯冲，海沟沉积层向东倾斜，贝尼奥夫带的倾角北部约 40°，到南端近于直立，沿着马尼拉海沟的东陆坡，发育着一定数量的滑坡体，且有一系列地震沿此带分布，由此而引发了多次海啸。因此马尼拉海沟的东陆坡带是最易产生海啸源的地段。一般认为，引发海啸的地震震源机制类型一定是倾滑型地震，而走滑型的地震是不能引发海啸的。1978 年，据 T. seno 和 K. Kurita 统计了中国台湾－菲律宾地震带震源机制解（1970—1975，震级 ≥ 5.6）22 次，走滑型 7 次，占总数的 32%，逆倾滑型 8 次，正倾滑型 7 次，倾滑型合计 15 次，占总数的 68%，显然倾滑型地震占优势。因此，这一地带的地震震源机制以倾滑型地震占优势。我们统计了 1977 —2004 年，菲律宾地震带的 60 次 6 级以上的地震，倾滑型地震 43 次，占总数的 71%，走滑型 17 次，占总数的 29%。引发海啸的地震既有倾滑型地震，也有走滑型的地震。

追溯过去，菲律宾都曾发生过多次地震海啸，如：1918 年棉兰老 8.5 级地震引起的海啸造成 50 人死亡；1925 年 6.8 级地震引起的海啸造成 428 人死亡。造成严重的经济损失；1976 年 8 月 16 日的莫罗湾地震 7.9 级，这次地震引起了海啸，造成 8000 人死亡和财产损失；1983 年 6.5 级地震引起的海啸造成 16 人死亡，造成严重的经济损失；1994 年 11 月 15 日，菲律宾北部的东民都洛省发生 6.7 级地震，地震引起海啸，至少有 33 人死亡，70 人受伤。

第六章

不可忘却的海啸灾难

历史上较大规模的海啸

中国大陆架从地理环境来看，不但有着宽广的领域，而且有着平缓的地势，如果有海啸传播，会对其产生极强的摩擦力，同时，日本列岛到琉球群岛的岛弧会对中国大陆架进行保护，对海啸的形成和传播有阻碍作用。但是，日本近海有 4000 米的深度，海啸会强烈地冲击沿海地区。1960年，日本发生的海啸，其海区有着六七米的波高，而长江口却只有 20 厘米的波高。1992 年和 1993 年，中国也有小的海啸发生，不过，其能量都很小。

根据相关的记载资料，我国学者发现，在西汉初元二年（公元前 47 年）和东汉熹平二年（公元 173 年），莱州湾和山东黄县发生的海啸就被我国古人记载入册了。国外学者曾广泛引用过这些记载，同时，这两次海啸被认为是世界上最早的海啸记载。

全球大约有 260 次的破坏性海啸被记载下来，发生周期为六七年一次。全球的海啸发生区大致与地震带一致。在环太平洋地区，有大约 80% 的地震

海啸发生。而日本列岛及附近海域的地震又占太平洋地震海啸的 60% 左右，日本是全球发生地震海啸最多并且受害最深的国家。

历史上较大规模的海啸

公元前 16 世纪，克里特岛北边的桑托林岛火山发生了一次极为猛烈的火山喷发，在火山喷发以后，只剩下锡拉岛和一些小岛矗立在爱琴海中。后来，经过海啸专家的研究，发现由那次火山喷发引起的海啸巨浪高出海平面 90 多米，并且，300 千米外的尼罗河河谷也受其波及。

1498 年 9 月 20 日，一场 8.6 级的地震发生在日本东海道海底，由此引发了一场最大波高 15~20 米的大海啸。在伊势湾，有 1000 座以上的建筑被其冲毁，5000 余人死亡；在伊豆，海浪侵入内陆达 2000 米，伊势志摩受灾惨重，根据静冈县《太明志》的记载，有 2.6 万人死亡；在三重县，有 1 万人死亡。

1755 年 11 月 1 日，强烈的地震在里斯本附近海域发生，不久，海岸的水位出现了大退落，以致整个海湾底都显露出来，看到这一奇景，好奇的人们纷纷到海湾底"探险"。然而，不幸的是，仅仅在几分钟后，隐退的波峰重新席卷而来，海岸遭到了滔天巨浪的冲击，有几万居民被海水席卷而去，其中，那些"探险"的"探险家们"无可避免地成了那次海啸的第一批牺牲品。此外，城市也遭到了海水的淹没，荷兰、英国及马德拉群岛、亚速尔群岛、小安地列斯群岛等地受到了海啸的席卷，就连西班牙濒大西洋的海港加的斯，也遭到了 10 米高的巨浪的袭击。

1783 年 2 月 5 日，一场大地震发生在墨西拿海峡，海啸和洪水灾害也伴随发生，墨西拿城遭受了灭顶之灾。同年 4 月 8 日，地震又一次毫不留情地侵袭当地，在这短短两个月时间内，人们遭受了极其惨重的损失和痛苦的折磨，有 3 万余人直接死于地震和海啸灾害中。1908 年 12 月 28 日，一场 7.5 级地震再次在墨西拿海峡发生，同时，引发了一场海啸，使得墨西拿死亡 8.5 万人。

1883 年 8 月 26 日和 27 日，喀拉喀托火山喷发，使得苏门答腊和爪哇之间的巽他海峡受到 20 立方千米的岩浆侵害。而后，由于火山喷发到最高潮时，岩浆喷口突然倒塌，一次大海啸被引发……苏门答腊的巨浪高达 36 米，爪哇梅拉克的海浪高达 40 余米，遇难人数达到 3.6 万人。这场海啸波及的范围极广，几乎全球都受到不同程度的影响，其中，它的震波甚至被英吉利海峡的观潮器录了下来。

日本明治 29 年，即 1896 年，日本三陆发生了震级为里氏 7.6 级的大海啸，尽管没有地震灾害直接发生，但却有 2.7 余万人死于海啸中。此外，日本关东大地震引发的海啸也极其著名，它造成了十分严重的损失，有 8000 余艘船只沉没，沿岸的大小港口也受到影响处于瘫痪状态，死亡人数达 5 万余人。

1908 年 12 月 28 日，在意大利墨西拿，当天凌晨 5 点，发生了 7.5 级的地震，而后，引发了海啸。在近海区域，巨大海啸掀起了高达 12 米的波浪。这次地震海啸不仅是 20 世纪以来死亡人数

最多的一次，也是欧洲有史以来死亡人数最多的一次。

1933年3月2日，一场8.9级的地震发生在日本三陆近海，而后，引发了浪高29米的海啸，造成3000人死亡。

1946年4月1日，一次大海啸在夏威夷发生。这场海啸的起因是：距夏威夷3750千米的阿留申群岛附近海底发生了7.3级的地震。在地震发生45分钟后，阿留申群岛中的尤尼马克岛首先遭到了滔天巨浪的袭击，一座架在12米高岩石上的钢筋水泥灯塔和一座架在32米高的平台上的无线电差转塔被海啸彻底摧毁。之后，海啸朝着南面一路横扫，速度可与喷气式飞机媲美，夏威夷岛上的488座建筑物遭到摧毁，死亡159人。

1959年10月30日，一场海啸发生在墨西哥，而后，海啸引发了山体滑坡，造成5000人死亡。

1964年3月28日，由于阿拉斯加湾大面积海底运动，引发了最大波高达30米的海啸，海啸波及加拿大和美国沿岸，造成150人死亡。

1976年8月16日，菲律宾莫罗湾发生了海啸，造成8000人死亡。

1978年7月17日，一场里氏7.1级的强烈地震在西太平洋距离巴布亚新几内亚西北海岸12千米的俾斯麦海区发生。在地震发生20分钟后，又发生了震级为5.3级的余震。之后，灾难好像已经过去，似乎一切又恢复了平静，但是，却有一场更大的灾难即将威胁住在巴布亚新几内亚西北海岸与西萨诺潟湖之间狭长地带的近万村民。当一种异样的隆隆声由远而近朝着村庄袭来时，浑然无觉的村民还只当那是一架喷气式飞机飞临时发出的声音，很多村民还跑出来看起了热闹。但是，刹那间，10 米高、20 千米长的巨浪就呼啸着朝张望的村民席卷而来，顿时，海浪就淹没了 7 个绵延横亘在海滩与西萨诺潟湖之间的村庄。仅仅几分钟的时间就把风光迷人的度假乐园西太平洋变成了人间地狱。1 万人中，失踪或死亡的就有 7000 多人，生还的仅有 2527 人，其中，成人占生还者中七成以上，极少有小孩幸免于难。

1992 年 9 月至 1993 年 7 月间，日本的 Okushiri 岛、印度尼西亚群岛及太平洋沿岸的尼加拉瓜遭受了三次海啸的袭击，在这些大海啸中，有 2500 人被夺去生命。

1998 年 7 月 17 日，一场地震在大洋洲巴布亚新几内亚海底发生，地震引发了 49 米浪高的海啸，造成数千人无家可归，2200 人死亡。

2004 年 12 月 26 日，地震在印度尼西亚苏门答腊岛发生，还引发了大规模的海啸，对印度洋沿岸多个国家造成了不同程度的伤害，这场海啸灾难可能是近 200 多年来世界上死伤最为惨重的一次。

历史上具有代表性的海啸

1. 1755 年里斯本地震和海啸

1755 年，葡萄牙首都里斯本是当时世界上最为繁华的城市之一，有 25 万的人口。11 月 1 日那天，里斯本遭受了强烈的地震以及随后而来的海啸袭击，在这之前，许多正在教堂参加宗教仪式的居民就注意到了吊灯在不停摇

晃的现象。这次地震海啸灾难中的幸存者对里斯本地震的效应有着深刻的印象，他们对其作了这样的描述：首先，感到了城市强烈的震颤，那些高大建筑物的楼顶"像麦浪在微风中波动"。然后，较强的晃动随之而来，在街道上，有许多像瀑布似的落下来的大建筑物的门面，留下荒芜的碎石成为被坠落瓦砾击死者的坟墓。接着，城市遭遇了几次海水的急速冲击，其中，低洼地势毫无保留地被汹涌的海水淹没，那些没有任何准备的百姓则被海水席卷而走，或随波逐流，或死于非命。随后，一些教堂和私人住宅发生了火灾，渐渐地，许多起分散的火灾汇成了一场特大火灾，整整三天，全城遭受了肆虐的大火的侵蚀，大火摧毁了城中大部分建筑物，烧毁了大量珍贵的文物。对于1755年里斯本地震，震级最后估计是在8.4～8.7。它产生的原因是欧亚板块和非洲板块相互碰撞。这次里斯本发生的地震，使许多区域都受到了影响，其中，感觉到强烈震动的有北欧、北非和英国。

对这次地震和海啸，里斯本大学的研究小组收集了大量有关的历史文献，他们从中找出了82件与海啸有关的文件，720件与地震有关的文件，欲对这次地震和海啸进行深入的研究。通过对这些海啸的记录进行分析，他们发现：第一个被海啸袭击的城市是 Cabost. Vicente，在10分钟以后，海啸才袭击了里斯本。地震的发生地点在海里，由

地震引发的海啸，其出发点是地震震中，离它越近的地方，会首先遭到袭击，然后，它就会向外袭击较远的地方。但是，海啸在各地的波高并非取决于离震中的距离，而是受被袭击海岸城市附近的海底地形的影响。

里斯本这个富足的文明之地和基督教艺术之"国"的破坏，触动了世界的信念和乐观的心态。这种灾难在自然界的位置问题由许多有影响的作家提了出来。"如果世界上这个最好的城市尚且如此，那么其他城市又会变成什么样子呢？"——这是伏尔泰在观察里斯本地震后感慨的评论，他将其写在小说《公正》一书中。

2. 1835 年康塞普西翁大海啸

智利——位于南美洲西海岸一个地形狭长的国家，它西濒狭长的太平洋海沟，东倚高峻的安第斯山脉，刚好处于深渊与高山之间，其中，海沟附近是火山和地震最为活跃的地方。智利常发生一种严重的自然灾害，即由海底地震、火山喷发引起的海啸。在漫长的历史长河中，海啸曾多次侵袭智利太平洋东岸的一些海滨城市，造成城市被毁，人员伤亡严重。康塞普西翁——一座坐落在智利首都圣地亚哥以南 420 千米的海滨的省会城市。1550 年 12 月 8 日，由于是圣母玛利亚的"纯洁受胎节"，所以，当时西班牙殖民者在此建立了意为"怀胎"的康塞普西翁城。此城之所以会多次遭受地震和海啸的毁灭性打击，究其原因是其城址处于环太平洋地震带最活跃的地方。近300年来，地震和由地震引发的海啸将这座城市毁掉了三次，但是，每一次过后，都被重新建立起来，它的确称得上是一座英雄的城市。1751年5月24日，大地震在康城附近发生，市内被汹涌的海水冲击，康塞普西翁城第一次遭遇到无情的摧毁。1754年，在原来的城址上稍微挪动，新城被重新建立起来。然而，1835年，此城遭到了大地震的再次"光顾"，一场大海啸由此引发，这次，康塞普西翁城遭到毁灭性的破坏。在这次灾难发生后，新城被重建于原址上，1960年，多灾多难的康塞普西翁城遭受了第三次大海啸袭击，这次，城市遭受的打击比第二次要轻一些，但是，仍遭受严重的破坏。

康塞普西翁城，遭受的三次由大地震引发的大海啸灾难中，遭到最大一次破坏是1835年发生的那次，即第二次。

1835年2月20日上午10时，大群海鸟纷纷朝着内地飞行，鸟儿这种异常的"登山"行动似乎在向人们昭示着什么。11时40分，一场震中在比奥比奥河口的海底的地震发生。在地震刚开始的时候，造成的影响还比较轻微，但是，仅仅在半分钟以后，大地就开始出现颤动，其中，有不少人不能站稳而跌倒于地，很多居民感觉，大地像是一艘摇荡在风浪中的轻舟。此类状况持续的时间较长，大约为一分半钟。然后，大地开始了一阵更为强烈的震动，经过两分钟的颠簸后，终于，大地像个刚发完脾气后渐渐平静下来的沧桑老妪，现出了百孔千疮的景象。原来，这次地震的起因是一次大规模的地壳升降运动，在这次地震中，出现了海水猛然下降，许多陆地则突然隆起的奇景。康塞普西翁城的地面上，不管是城内，还是城外，到处有裂缝出现。受这次地震的影响，山岩发生了崩塌，发出了震耳欲聋的炸裂声，崩落谷底的土石有上万立方米。

在这次地震发生后的15分钟左右，海水突然发生了迅疾的消退现象，其后退距离竟有1600米之远。塔尔卡瓦诺——康塞普西翁外港，在地震发生后，其港域出现全部露底的现象，映入眼帘的是欢蹦乱跳的鱼虾，乱舞着钳子横爬的螃蟹，搁浅的船只，甚至海底的岩石、珊瑚礁都能够看见。灾难似乎也有不好意思的时候，还出现这一奇景抚慰受惊的人们，其实，这种典型现象正是大海啸即将席卷而至的前兆。

果然，这种现象持续了大约有半个小时以后，海水去而复返。瞬间，有着排山倒海之势的波涛滚滚而来，浪潮与平时相比，竟高出10米以上，海滩在其摧枯拉朽之势下，被轻松占领，紧接着，陆地也受到强袭，城市里面不久便涌入了滚滚海水。然后，汹涌而退的浪涛就席卷了途中所能带动的一切东西，一些居民由于跑得不够快，也被卷入了大海之中。海浪就这样以忽进忽退的形式，数次循环，而且，其侵袭强度一次比一次猛烈，造成的影响一次比一次惨重。康塞普西翁城，在经过狂涛如此的洗劫之后，只有墙基剩了下来，可以说，此城已经完全成了一片废墟。海潮的力量，是小小的人类根本无法抗争的，所以，当巨浪席卷而来时，很多居民瞬间就被卷入大海中，这些被巨浪吞噬的人，或被巨浪抛到了空中，或被卷进了海洋的深处，

很快，他们的踪迹就无法追寻了，在咆哮的海神面前，人类的力量总是显得那样渺小。

与此同时，太平洋沿岸也遭遇到了每小时几百千米的海啸波的横扫，受到严重冲击的有9000千米外的夏威夷群岛，首先遭到严重破坏的就是那里的防波堤，随后，建筑物等也受到不同程度的损毁。这次地震海啸波及了智利的广大区域，南北长1600千米，东西宽800千米都在受撼动的范围之内。除了康塞普西翁城之外，奇廉、塔尔卡瓦诺等城市也遭到了摧毁。

震后第13天，也就是3月4日，被摧毁的康塞普西翁城来了一位正在做环球旅行的英国生物学家——达尔文。此时，尽管这里已经平静下来，但是，灾后千疮百孔的景象仍惨不忍睹。昔日繁华热闹的城市已化为乌有，海滩上到处散落着建筑物的各种零件，如门窗、床板、书架、木梁、屋顶，还有被打翻的船只的帆桨、船骸，此外，还有各种商品，如成包的茶叶、棉花以及其他从仓库中冲出来的商品，整个海滩就跟垃圾场似的。然而，停留在这里却只是康城遭劫后遗留下来的一些残余东西，大部分财物已经被巨浪席卷而去了。达尔文对于遭遇了海啸侵袭后惨不忍睹的康塞普西翁城，不胜唏嘘。"人类用无数时间和劳动所建树的成绩，只在一分钟内就被毁灭了！"这是他在游记中的感慨。

地震海啸能给人类带来十分巨大的灾难。鉴于智利受到地震海啸的严重侵袭，智利政府对于研究和预测地震、海啸的工作极其重视。然而，依靠现在的技术水平，还不能完全战胜地震、海啸。倘若美洲板块、太平洋板块发生剧烈的移动，或是频繁地移动，就可能再度引发强烈的地震、海啸灾难。现在，人类只能通过预测、观察来预防或减少突如其来的火山、地震、海啸等灾害造成的损失，但却不能控制它们的发生。

3. 1896 年日本本州大海啸

日本列岛常常是地震和海啸"光顾"的地方，在日本漫长的历史长河中，各种灾难占据了重要的位置，其中，较为醒目的就是地震和海啸。自远古时代起，日本人民对于地震和海啸灾害，就始终信任着这样的说法——在地底深处，神看守着一条鲇鱼，它往往在神稍有疏忽之时，就乘机翻身，引发地震。而在广阔的大洋之中，时常兴风作浪引发灾难的则是另一只海洋巨兽——海啸，这是人们为它起的名字。

1896 年 6 月 16 日，阴霾的天气笼罩着日本本州的东北海岸。这种气候与整日下个不停的瓢泼大雨相比，更会让人觉得沉闷不安。在日本的"男孩节"这天，准备在沙滩上举行庆祝仪式，共享节日欢乐的人们，纷纷从各地赶来。正午时分，人们正聚集在沙滩上，忽然，他们明显感觉到了不知在何地发生的地震对沿海强劲的冲击力。对于这个一天能发生三次地震的国度，尽管有些地区的居民对这种情况已经习以为常，但是，大多数人还是及时有

序地疏散到了附近的小山上。他们俯瞰着表面显得很平静的海洋，静静地等待着，雨凑热闹似的，不知道在何时下了起来。直至黄昏时分，大雨才渐渐停歇下来，天空因为雨水的清洗显得异常明朗，再加上绚丽无比的落日余晖，使得准备狂欢的人们充满了节日欢愉的希望，他们陶醉于夕阳的美景之中，纷纷回到了海边。然而，人们似乎被上苍有意捉弄了，在恢复平静的气氛里，杀机又开始显露。傍晚7时30分左右，接二连三的震动发生在本州东北沿海一带，但是，对于这种厄运临近的先兆，已丧失了警惕性的人们对其熟视无睹。晚间8时20~30分，在小地震连续震动8个小时以后，真正的劫难才慢慢降临此地——海啸的魔爪伸向了5万没有觉察的庆祝者，恐惧、毁坏以及死亡，是巨大的海啸带给人们的"礼物"。在古怪的嘶嘶声中，沿岸的海水好像被什么海怪给吞噬了，突然就消退得没了踪影。随海潮一并消失的，还有那些原本停泊在港口此时就像脱了缰的野马的船只。而且，海水退却后，海滩上出现了大量乱蹦乱跳、拼命挣扎的鱼虾。随即，一阵轰隆隆的巨响传入人们耳中，响声越来越大，最后，就如军队万炮齐发，似乎要将人撕裂似的，惊恐的狂欢者们还没有回过神，弄清楚到底发生了什么事，就听见如雷的咆哮声隆隆朝着岸边接近，汹涌的大海浪席卷而来，高达34米，时速达到800千米，你简直难以想象。看到这种情况，受惊的人们才想起来要逃亡到高处，可惜，无论如何，他们也比不了海浪的速度。势不可挡的大海浪朝着前方横扫而去，好像要吞噬掉整个陆地。

在灾区中心，海浪吞没了一座又一座小镇。其中，位于海边的釜石镇就消失于34英尺（1英尺＝0.3048米）高的巨浪下，在6557人中，死亡的就有4700人；4223座建筑物，只有143座保存下来，然而，它们也并非是完整的，而是残缺不全的。往北五英里的二见村，据统计，有6000人死亡，幸免于难的只有1000人。在山田，4200人中，死亡的就有3000人。在土唐丹，1200人中，遇难的就有1103人。在遥远的神户，海浪的尾部击中了两艘轮船，然后，船沉到了海底，上面的 178 人无一幸免，都被淹死了。在其他一些地区，死于此次灾难的有近 1 万人。这次在本州海岸登陆的海啸，使得长达 160 多千米的东北沿岸被洗劫，160 多千米的内陆被席卷，1 万多间房屋被卷

走，2000 多座建筑设施被冲毁，3 万余人葬身海底。

日本海岸被海啸肆虐时，几百条在海上运作的渔船几乎没有震动的感觉。此次海啸灾难中，当地的幸存者少之又少，基本上都是那些早晨出海打鱼的人，他们无疑是幸运儿。但是，当满载鱼虾的他们兴致勃勃地往回赶，想着就要与家人团聚时，看到的却是死一般寂静的港口和码头，以及瓦砾满地、尸横遍野这样满目凄凉的残酷现实。他们的幸运可以说是无知无觉和痛苦不堪的。也有在海啸肆虐时就隐隐有感觉的渔民，从一些幸存的渔民口中得知，他们先是有一点点震动的感觉，当他们设法朝着岸边靠近时，却被巨大的浪涛逼着退了回去。几小时后，有一个渔民看见水中漂浮着一条大死鱼似的东西，他划动渔船，慢慢靠近，一看，竟是一条席子上漂浮着一个活生生的婴儿，像这样被救起来的孩子还有很多。

一些从海啸的魔爪下逃脱的人经历了神秘而奇异的过程。比如，在某地区，很多被冲到大海的人又被海浪抛出海湾，活着坠落在对面的海滩上。有几个人，当海浪将他们席卷而去的时候，惊恐的他们根本无力挣扎，可是，当他们从昏迷中醒过来后，却发现自己躺在一个小岛上，并且安然无恙。一位父亲，当家里的楼房被海浪猛烈冲击时，为了博得一线生机，他果断地将六个孩子放在自家的椽木上，可是，海浪还是将最小的一个孩子冲走了，父

177

亲不忍心丢下自已的孩子，于是，他朝着孩子拼命游过去，试图将他救起来，可惜，海浪最终还是吞噬掉了这父子俩，不过，值得欣慰的是，其他五个孩子在这次海啸中都好好地活了下来。有个地区，几十个孩子被他们的父母救到了山上，然后，为了挽救别的孩子，父母们匆匆而去，可是，他们却再也没有回来，似乎已经知道了这一不幸消息，孩子们挤在一起不停地呼喊，将孤寂的山顶蒙上了一层深沉而悲伤的气氛。

对于这场灾难，也许，会有幸存者存在这样懊悔的心态：倘使待在山上的人们不那么重视这次节日而一直待在山上，那么，海啸夺去的生命就不会那么多。但是，现在说什么都已经迟了，对于地震，日本民众从以往的恐惧，到习以为常，再到熟视无睹、漫不经心，几乎已经注定了这次灾难的

结局。

4. 1960 年智利大海啸

在南美洲西部，有一个长条形国家——智利，其南部多原始森林，为温带森林气候；北部为沙漠带，常年无雨；中间为纵谷，为亚热带地中海式气候，是一些主要城市所在地和工农业中心，其中，首都圣地亚哥，位于中部；东部为安第斯山脉西坡；西部为海岸山脉。智利南北长 4200 千米，东西宽 90～400 千米。西濒太平洋，有 4000 多千米长的海岸线。其境内的活火山多，地震活动频繁。位于圣地亚哥以南约 900 千米的蒙特港是地震海啸的常发地。

人们都说，智利是上帝用"最后一块泥巴"创造的。此处的地壳总是处于不太平静的状态。按照"板块构造学说"的说法，智利是南美洲板块与太平洋板块相互碰撞时的俯冲地带。智利其他常见的自然灾害是由地震、火山喷发引起的海啸灾害。历史上，海啸曾多次袭击智利和太平洋东岸的海滨城市。

1960 年 5 月，这个国家又一次遭遇了厄运的笼罩。从 5 月 21 日凌晨开始，智利蒙特港附近海底突然发生地震。此次地震极为罕见，有震级高、持续时间长、波及面积广的特点。直至 6 月 23 日，大地震持续了一个多月，才停下它肆虐的魔爪，在这段时间内，不同震级的地震先后发生了 225 次，其中，有 10 余次的地震，震级都在 7 级以上，有三次地震的震级在 8 级以上。

5 月 21 日，在地震刚开始发生时，大地还只是轻轻地颤动，其震动比较轻微。但与以往的地震不同，这种颤动的发生是连续不断的。开始时，地震的来势不那么

179

凶猛，人们还有时间进行躲避，没有造成太多的伤亡。接着，出现了震动越来越剧烈、震级越来越高的地震。惊慌失措的人们在这样强烈的震动下，站都不能站稳，他们摇摇晃晃地朝着室外奔逃。这个时候，地震震塌、震裂了一些不太结实的房屋，一些慌不择路的人被砸伤或压死于倒下的房屋或其他坠落物下，但那些建造得较为牢固的建筑物，则安然无恙地矗立在地震的强烈震动中。当这样的震荡持续了2天后，人们就产生了松懈麻痹的情绪，同时，由于其破坏力不是很大，人们对于地震的恐惧不再像刚开始那样强烈，甚至，有人搬回到那些被震裂的房屋里居住。

5月22日7时11分，蒙特港的海底传来了震耳欲聋的响声，地震波就像是数千辆坦克车同时开动，使得震声大作。大地在震声响起后不久就剧烈地颤动起来。瞬息万变的景象让人惊叹不已。一会儿，陆地上有裂缝出现；一会儿，部分陆地好像一个巨人突然翻身一样，出现了隆起。在峡谷中，有惨烈的呼啸响起；在海洋上，有激烈翻滚的波浪；而海岸的岩石，则在震动中崩裂滑落，不久，沙滩上就堆满了碎裂的石块。

在世界地震史上，这次地震是震级最高、震动最强烈的一次地震，当时，测定其震级为8.9级，后来，又将其修订为9.5级。智利海沟、蒙特港附近海底是它的发生地点，南北800千米的椭圆形范围都受其影响。持续了将近3分钟的强震，给智利的重要港口蒙特港的居民带来了严重的灾难，强震震塌了所有房屋设施，有许多人被埋在瓦砾中。

海滩的海水在大震过后忽然迅速地退落，露出了从来没见过天日的海底，在海滩上，可以看见一些鱼、虾、蟹、贝等海洋动物拼命地挣扎。一些有经验的人知道这是大祸即将来临的征兆，于是，为了能够躲避即将发生的新劫难，他们纷纷朝着山顶奔逃，或登上那些搁浅的大船。过了大约 15 分钟

后，隐退的海水去而复还，顿时，滚滚而来的波涛汹涌澎湃，其浪涛有 8~9 米高，最高的达到 25 米。海岸线被巨浪呼啸着越过，瞬间，就吞噬了那些留在地面、港口和海边的人们，击碎了海边的船只、港口建筑物，智利和太平洋东岸的城市和农村都遭到了袭击。

随即，巨浪又如来时那般迅疾地退去，只要有海浪经过的地方，潮水就席卷了能带动的一切东西。在几个小时之内，海潮都如这样一涨一落，反复震荡着。刚被地震摧毁而变成了废墟的太平洋东岸城市，此时，又受到海浪的冲击，那些在地震中幸存的人，却被汹涌的海水卷走，淹死于大海中，而大船上的数千名避难者，在巨浪击沉大船的一瞬间，也不可避免地被吞没于波浪中。在太平洋东岸，以蒙特港为中心，在南北长 800 千米的范围内，海浪几乎将其洗劫一空。

地震发生后，西太平洋岛屿遭到了时速为 700 千米的海啸的横扫。美国夏威夷群岛则在短短的 14 个小时，也遭到了侵袭。当海浪到达时，其波高达 9~10 米，夏威夷岛西岸的

防波堤被巨浪摧毁，沿岸的房屋、树木被冲毁，大片土地被海水淹没。在24小时以内，海啸就到达了太平洋彼岸的日本列岛。在这个时候，海浪仍然有着十分强劲的力量，其波高有所减低，为6~8米，最高的为8.1米。日本诸岛被翻滚着的巨浪肆意侵略。巨浪破坏了本州、北海道等地停泊在港湾的船只、沿岸的多种建筑物，造成了极为严重的损失。

太平洋沿岸的俄罗斯也受到智利大海啸的波及。海啸在库页岛和堪察加半岛附近，涌起了高达6~7米的巨浪，不同程度地损毁了沿岸的码头、船只、房屋，也造成了不少人员伤亡。

菲律宾被海啸侵袭时，涌起的海浪达7~8米。遭到同样厄运的还有沿岸地区。中国受的影响较小，因为外围岛屿保护了我国沿海。但是，这次海啸引发的汹涌波涛都被东海、南海验潮站记录下来。

智利大海啸是一场极为惨重的灾难，其影响范围之大，为历史上所仅见，它造成了5.5亿美元的损失，使数万人遇难。

让人记忆犹新的印度洋海啸

关于印度洋海啸

对于灾难的来临，人们的反应常常是：在哪里发生，什么时候发生的，发生了什么灾难，怎样发生的，造成了多少损失，怎样去避免和解决等。

2004 年 12 月 26 日印度洋大海啸就是来得那么突然，如今，人们仍然记忆犹新，谈其色变。

1. 海啸发生的时间

2004 年 12 月 25 日是圣诞节，经过了一夜的狂欢，人们在黎明时沉沉地睡去了。可有谁能想到，这一睡，有多少人就再也没有醒过来。26 日早上，朝阳依旧从东方海平面升起，这时候的印度尼西亚苏门答腊岛附近的海域看起来是那么风平浪静，和谐安详，没有任何的征兆来告知人们，一场灭顶的灾难即将发生。

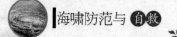

2. 海啸发生的地点

印度尼西亚简称印尼，因为有约 6000 个岛屿作为人类居住区，故而得了一个名副其实的名字："千岛之国"。这些岛屿位于太平洋与印度洋之间的海域，西临广阔的印度洋。其中印度尼西亚苏门答腊岛是印尼的一个大岛，由东南向西北走向，如同一支箭卧于印度洋中，海啸就发生在该岛的西北角，就是箭尖的地方，一个叫班达亚齐特别区附近的海底。海啸来袭，如同咆哮的蛟龙，张着大嘴，无遮拦地奔向印度洋各国。所涉及地区除了印度尼西亚外，还有从东向西沿途的马来西亚、泰国、缅甸、孟加拉国、印度、斯里兰卡、马尔代夫，非洲的索马里、肯尼亚、坦桑尼亚。而巴基斯坦、伊朗、阿曼、也门算是幸运儿，因为受印度半岛的遮拦庇护，损失较小。

3. 相关数据

此次海啸是由海底发生大地震引起的。地震时间发生在世界时间，即格林尼治时间为 2004 年 12 月 26 日凌晨 0 时 58 分，印尼当地时间为 2004 年 12 月 26 日上午 7 时 58 分，北京时间为 2004 年 12 月 26 日上午 8 时 58 分。震中位于北纬 3.6°、东经 96.28°，也就是印度尼西亚苏门答腊岛亚齐特别区的附近海域，震级为 8.9 级。

海啸造成的损失

此次海啸规模大，波及范围广，印度洋各国损失惨重。

1. 印度尼西亚

印度尼西亚位于亚洲东南部，首都是雅加达，全国共有岛屿 17 508 个，有人居住的岛屿约为 6000 个，人口总数 2.17 亿，世界第四人口大国，有 100 多个民族。一年四季都是夏天，环境优美，绿水青山很是宜人。但是印尼也是个多火山和多地震的国家。可谁也没想到会有这样一场空前的大地震，带来一场空前规模的大海啸，几乎是灭顶之灾。8.9 级的地震发生后，10 余次强烈余震也断断续续袭来。

强烈的地震引发的海啸，滔天巨浪如同恶魔般呼啸着拍向海岛及大陆，一瞬间众多岛屿，众多国家似乎成了海啸恶魔肆虐的游乐场。桥梁、建筑、树木等，所有的一切都被摧毁，交通、电力和通信，早已中断消失。在  街道上的人四处奔逃，有的人从睡梦中惊醒，还有的人在睡梦中被淹没。据一名生还者说：早上的空气格外晴朗，万里无云，突然间海水就涌进了城市，水位有齐胸高。慌乱的人们四处逃散。猛烈的海水把一所监狱围墙冲毁，200 多名囚犯乘机越狱。海水所到之处，房屋和建筑无一幸免，其中包括清真寺 2580 座，学校 1662 座，市场和售货亭 1416 个，政府大楼 1412 座以及医院诊所 693 座，共计 12 万座。人员更是伤亡惨重，遇难及失踪人数达 238 945 人。

2. 斯里兰卡

斯里兰卡是印度洋上的岛国，首都科伦坡，全国面积 6.5 万平方千米，人口 1900 万。它本是一个旅游胜地，有着浓郁的热带岛国风情及气息，犹如一颗镶嵌在印度洋上的璀璨明珠。

在这次印度洋海啸的灾难中，斯里兰卡是受灾最为严重的国家之一。它距离震中、海啸发生地印尼班达亚齐区约1600千米。百年不遇的海啸使斯里兰卡全岛，包括首都科伦坡在内无一幸免，许多沿海地区被淹没，其中东部的亭可马里、拜蒂克洛、安帕赖和南部的马特勒、加勒地区受灾最为严重，这次海啸中斯里兰卡共计3万余人遇难。

海啸来临时，高达10米的巨浪呼啸着冲向内陆，有些地方竟被侵进1000余米，伤亡惨重，被冲毁的房屋碎屑及家具漂在海面上，交通、电力、供水和通信等一度中断。其中损失最为严重的是亭可马里，水深达2米，数千人被迫逃离家园。还有斯里兰卡著名的加勒古城，整个城市变为一片汪洋。

3. 泰国

泰国，首都曼谷。位于亚洲中南半岛中南部，面积51.7万平方千米，人口6672万气候为热带气候，每年的11月到翌年2月是最佳旅游期。岛上90%以上居民信奉佛教，无论是建筑风格，人文风俗，文学艺术作品皆多和佛教有密切关系，被誉为"黄袍佛国"。

海啸来时，是普吉岛当地时间上午9时左右，大多数人在海滩上悠闲玩要。忽然间十几米高的巨浪冲击过来，人们开始慌忙逃离，普吉岛顿时变得一片狼藉，建筑被冲毁，树木被连根拔起，交通工具等物品漂在海上，在普吉著名的娱乐区巴东海滩，海水将一些旅游大巴冲翻，并带着它们袭击临海的酒吧和饭店。被摧毁的房屋和被冲倒的树木及电线布满大街小巷。此外，更有数百名外国游客被困在另一叫披披岛的岛屿上。

据泰国官方公布，在这次海啸中，共计有5000多人遇难。

4. 印度

印度面积近300万平方千米，海岸线5560千米，拥有10.2亿人，位居世界第二，居民83%信仰印度教，11%信封伊斯兰教。

这次海啸袭击了印度东南部四个邦，由于人口密度高，共计遇难者人数达1.6万人。在此次灾难中，当时的印度政府总理立即指示军方派军舰和飞机给灾区运送食品与药品。同时，还派了5艘船救援斯里兰卡。

5. 其他受灾国家

除此之外，马尔代夫、马来西亚、缅甸、孟加拉国，非洲的索马里、坦桑尼亚、肯尼亚等国家也都遭受了不同程度的破坏和伤亡，共计遇难人数500余人。

印度洋海啸的教训

教训一：人祸令天灾加剧

1. 预警机制为何失效

从目前的科技水平，虽然不能做到对海啸灾难的有效预报，但是预警却是可以的。尤其对地震引发的海啸，及时的预警能够拯救很多生命。但是在这场巨大的灾难来临时，预警机制却丝毫没有起到作用。

根据英国《自然》杂志网站的报道，印尼早在 1996 年就在爪哇岛上建立了一个专门用来监测可能引发海啸的地震监测站。然而，由于连接监测站与中央政府的电话线在 2000 年被切断，因此 2004 年 12 月 26 日当印度洋发生地震时，该监测站无法将搜集到的数据直接传送到首都雅加达。如果政府能及时得到这个专业监测站的数据，政府就可以提前发布警告，而斯里兰卡

和印度等国也可以在海啸袭击之前两个多小时得到预警。

如果说由于缺乏海啸预警系统而导致此次人员伤亡惨重，令人惋惜的话，那么这次事件中所出现的"人祸"则令人感到可哀。

2. 官僚主义误事

在泰国，据泰国《国家报》报道，泰国的气象专家因为担心会给旅游业造成重大损失而没有发布海啸预警。在官僚体制下，官员们担心预警发出后而海啸却并未发生，因此相互推诿，不敢承担责任，置人民的生命安全

于不顾。试想，如果当时官员们发出预警，这场灾难还会造成如此重大的伤亡吗？同样的悲剧也发生在印度。据当地媒体透露，事发当天，印度当局其实早就得知会发生海啸，当时，海浪距离印度本土还有数百公里。但由于内部沟通问题以及官僚作风影响，最终没有及时向沿海地区居民发出警报，酿成了上万人死伤的重大悲剧。

自然在与人类共处的过程中所表现出来的这种冲突和融合，与其说是天灾，倒不如承认也是人祸。抛开海啸预警系统不提，一个国家、一个地区、一座城市都应该有自己的应急防灾系统。虽然突发性自然灾难具备更多的反常性，但是对于自然灾害的预警机制，却没有在这次海啸中体现出来。当这些为百年大灾准备的"生命维系系统"成为一种漠然的摆设的时候，人类就得为此付出生命的代价。

教训二：在灾难面前，各国应团结一致

据了解，日本已经拥有先进的科学技术，可以对由海底地震引发的海啸强度进行预报；美国的卫星系统，也早已做到了对地球相当精准的监视。然而，这些系统却各自为政，没有形成全球一体化的网络。目前国际社会建立

的海啸预警机制主要针对的是太平洋沿岸国家，因为有史以来发生的大部分海啸主要集中在太平洋地区。美国早于 1948 年就在檀香山附近组建了"地震海波警报系统"。在 1960 年智利大海啸和 1964 年阿拉斯加大海啸中，该系统在减轻夏威夷地区危害方面效益显著。为了减轻本地海啸的灾害，太平洋海啸警报系统下相继组建了若干区域或国家的海啸警报中心，包括夏威夷、阿拉斯加、日本和智利海啸警报中心等，共有 26 个国家参加。1983年 5 月日本海发生破坏性海啸，海啸发生后第 7 分钟，最靠近震中的验潮站观测到海啸波的到达，第 14 分钟时由电子计算机自动制作的警报已向日本全国发布，并同时传达到太平洋沿岸各国政府指定的海啸防御机构。从而使这次海啸损失减小到最低限度，仅造成 104 人死亡和百余万美元的经济损失。

然而，目前在印度洋沿岸却没有一个海啸预警中心。当日印度洋地震发生后 15 分钟，"太平洋海啸警报系统"就探测到了地震，但是，由于该系统是针对美国和澳大利亚等环太平洋国家的，因此也没能及时通知可能遭海啸袭击的印度洋海域的国家。

对此，美国海洋和大气局官员以没有相关地区的通讯联络办法为由，以

一番话巧妙的外交辞令回应人们
的指责。这恰好可以说明一些问
题：面对巨大的灾难时，人类竟
然还在民族、国家的分歧中相互
猜疑！

每个国家都有自己的国家利
益目标。但面对人类的灾难，只
有一个目标：战胜灾难。在这方面，发达国家无论技术资源还是经济资源，
都有着明显的优势。发达国家对发展中国家有着帮助的义务，这一点发达国
家不能否认。在号称信息时代的今天，是否应该有这样的认识：如果在人类
共同的灾难面前，信息都不能共享，不能共同进步和协调发展，信息时代难
道是一个笑话？

教训三：灾难预报发展缓慢

人们总是在灾难之后才懂得反思，在灾难未来临的时候却安于享乐。难
道我们就没有这样的警觉：当现代科技如此发达的时候，为何有关于灾难预
报的科学却发展得如此缓慢？

实际上，在每一次大型灾难来临之前，都会出现一些异常的现象。然而，

我们对这些异常现象，对灾难之
前的预兆还停留在似是而非、笼
统不清的地步，并未归纳、研究，
并总结出具体的科学规律。原因
无非只有两点，一是在灾难没有
发生时，人们掉以轻心，总以为
可以高枕无忧。二是对于政府而

言，这些研究看不到具体的科学效益，谁也不知道灾难是否一定会到来。但是，灾难频发的现在，如果依然不能够引起我们的警觉，人类科技最终也将被淹没。灾难预报研究并不是能够取得多少科学效益，而是能帮助我们避免更多的损失。如果能够挽回不必要的损失，难道不比效益更加宝贵吗？

教训四：环境保护刻不容缓

环境问题已经是当今的一个世界性问题，环境破坏使得自然灾害发生的频率越来越大，也使得灾难的规模越来越大。

这次的巨大灾难也与人类对环境的破坏有着一定关系，据调查，由于临海地区有着独特的海洋资源优势，可以发展旅游业、渔业、运输业等许多产业，能够产生巨大的经济效益。在利益的驱使下，许多国家的沿海地区大量兴建酒店、港口等，而原来生长在海边的红树林则被大量砍伐。同时，沿海地区的珊瑚礁也被大量破坏。这些抵挡海啸的天然屏障被破坏，使得海啸的威胁加大，造成的损失也更加巨大。

世界不同地区的海啸灾难

地球上有记载的大海啸

自地球形成到如今肯定有过无数次各种各样的海啸，但是人类关于对海啸详细的记载，只是在最近的 100 多年来才出现。在世界范围内，日本是受到海啸灾难最严重的国家，发生在其周边海域的海啸灾难占全世界海啸灾难的 60% 左右。

1. 日本海啸

全球 70% 的地震分布在环太平洋地震带，所以我们不得不说太平洋是一个孕育地震的"摇篮"。而在这个地震圈里，日本因为位于靠近太平洋俯冲带地段，所以最容易受到地震海啸的侵扰。

1498 年 9 月 20 日，日本东海道海底发生 8.6 级地震，并引发大型海啸，波高达 15～20 米。海啸在伊势湾冲毁建筑 1000 多座，造成 5000 人死亡。此外海浪侵入伊豆内陆达 2 千多米，属三重县的伊势志摩受灾惨重，据静冈县《太平志》记载，此次海啸致 2.6 万丧生，其中三重县溺死 1 万余人。

1896 年 6 月 15 日，也就是日本明治二十九年，日本东部发生了大地震，震级为 8.5 级，大地震引发大海啸，30 分钟后，海啸登陆，侵袭歌津、三

陆、宫古、田野烟等市县。根据三陆町绫里的记载，此次海啸水位高达 38.2 米，同时夏威夷地区记录这个时候的当地海浪高为 2.5~9 米。此次海啸造成 8526 栋房屋被毁，21 909 人丧生，船舶损失 5720 艘。在日本历史上将这次海啸称为"明治海啸"。

1923 年 9 月 1 日，日本关东大地震引发海啸，震级为 7.9 级，海啸造成大小港口瘫痪，5 万人丧生，8000 余艘船只沉没。

1933 年 3 月 3 日，日本明治三陆发生 8.1 级大地震，虽然距 1896 年地震的震中不远，但与上次不同的是，这次地震是由正断层引起的，而明治地震是逆断层。这次地震造成 4972 座房屋损毁，3064 人丧生，流失船只 7303 艘。

1983 年 5 月 26 日海啸发生的地点有些特殊，并没有产生在太平洋一侧，而是在日本海。海啸在日本海沿岸引起了高达 6 米的海浪，从北海道到九州都可以观测到这次海啸，这次海啸损毁建筑物 3049 座，104 人丧生或失踪，324 人受伤，损毁船只 706 艘，总共损失了约 1800 亿日元。且不仅仅是日本，这次海啸对朝鲜半岛和苏联都有影响。但是在海啸发生时，苏联已经接到了海啸警报，故而命船只全部立即驶向外海，因此没有造成任何损失，而朝鲜半岛造成了 2 人失踪，51 艘船只受损，但对于朝鲜半岛而言已经是有史以来最大的海啸灾害。

1993 年日本海再次发生地震，并引发了海啸，此次灾难造成日本 230 人死亡或失踪，朝鲜 33 只船舶损毁。

2. 其他地区引发的海啸

1946 年 4 月 1 日，位于太平洋北面的阿留申群岛附近海底发生了 7.3 级

大地震，并引发海啸，历时了 45 分钟，海啸到岸，首先袭击了阿留申群岛最东侧的乌尼马克岛，摧毁了钢筋混凝土建成的灯塔和高 32 米的无线电差转塔。紧接着海啸迅速袭击了附近的夏威夷岛，造成 159 人丧生，488 座建筑物损毁。

1998 年 7 月 17 日，位于西太平洋的巴布亚新几内亚西北的俾斯麦海海底发生了 7.1 级大地震。20 分钟后又发生了 5.3 级地震。2 次连续地震过后似乎一切又平静下来，住在巴布亚新几内亚西北海岸与西萨诺潟湖之间狭长地带的近万村民，听到那由远及近的隆隆声，却没有想到是灾难的来临，还以为是飞机，且纷纷出来看热闹，但是突然间 20 千米长、10 米高巨浪迎头打来，一瞬间海水淹没了 7 个村庄，1 万余人中死亡 7000 多人，仅有 2000 多人死里逃生。

从灾难中得到反思

每一次大灾难的来袭，人类都经受着几近于毁灭性的打击，2004 年末，印度洋发生了空前的特大海啸灾难，波及几十个国家，许多生命因此而折损。

195

在得到世界各国和人民救助的同时，人们也不禁问了千百遍：人类对这样的灾难真的是束手无策吗？

很多学者认为，只要建立完善的预警机制，就能避免悲剧的发生。那么我们又要问了，真的这样就可以了吗？是的，这能达到避免灾害的良好效果。例如，在印度洋海啸发生时，一个远在新加坡的科研人员，得知大海啸即将来临，于是他拿起电话通知了家乡的父母，这个处于重灾区的渔村没有一个人死亡，这说明这次海啸是可以预报的，地震波通过海水从印尼传至数千千米外的泰国、印度、斯里兰卡等国，用时至少要90分钟，90分钟是怎样的概念，大部分人逃命只需要20分钟就足够了。时间就是生命，哪怕只有1分钟的时间，也可以有成千上万人获救。可见海啸预警是何其重要。而这次受难的国家里，不但疏忽了海啸的防御措施建设，而且也没有很好地普及海啸的预防和自救知识。

日本是一个多灾的国家，由于地震和海啸频发，因此对于灾难预防和国民救护灾难方面的教育相当重视。在日本东京都防灾中心大厅中的醒目标语是：面对灾害，首先是自救，第二是互救，最后才是政府救助。这句话说得非常有道理，对于灾区的人民，面对灾害，若是只等待政府的救援，那一定是被动的，很多时候会因此丧失延续生命的良机。

人生活在地球上，称自己为"万物灵长"，而在灾难来临时，却不如一只甲壳虫会保护自己，会躲避灾难。人们不断深思，不禁又有了更多的疑问：印度洋的海啸到底是天灾还是人祸？

从某些方面来看，地球地壳的运动是人力无法左右的。那么除了预警措施的不完善，人们避险意识的浅薄外，就一定是天灾了，与人无关！人类只是无辜的受害者！可是事实并非如此，虽然地壳内部存在潜在的危险，但是人类对海洋周边环境的过度开发和利用，对诱发海啸灾难难道就真的一点责任也没有吗？

我们且看，这次受灾打击最严重的两个国家——泰国和斯里兰卡，无疑这两个国家都有对附近海域过度开发而破坏海洋生态的记录，这说明了什么？人类的兴衰有一半掌握在人类自己手中。

2004 年 12 月 26 日的大海啸给全人类带来不可估算的损失和巨大的伤痛，在受到了深深的震感的同时，人们也开始学会了反思，我们的科技，我们的知识，我们对自然的认识，难道就真的不能"防患于未然"吗？为什么我们总是那么被动呢？从古到今，我们获取了无数的进步，可是在获取的同时，我们又失去了怎样的文明呢？

遥望史前，地球经历了许多次的毁灭性的打击，一颗小行星与地球的撞击导致了恐龙的灭亡。而在当今科学庇护下的人类也曾这样虚惊一场，2000

年，一颗从火星与木星中间产生的小行星碎片与地球擦身而过，科学家们发现它时，是它飞临地球的 5 天前，这不能不说是一个值得庆幸的事情，如果这颗行星撞在地球上，那么人类的结果恐怕和恐龙没什么两样。可见，科学技术发达的今天，人类对于自己的命运还是难以控制。

虽然从古到今许多天灾是人类无法避免的，就如同小行星撞击地球。但除此之外，人类给自己带来的灾难却比天灾多得多。有数据表明，随着科学技术的发展，人类所面临的灾难次数也呈上升趋势。环境污染、温室效应都是因发展而导致的结果，很难说不是人类灭亡的必然导火线。那么人类该如何解决它的问题已经迫在眉睫。

再者，就是人类忽视了自己的"第六感"，这是一种对自然界变化的敏感能力。我们常常以动物的异常行为作为灾难来临前的预兆，因为动物可以敏感地察觉到自然的变化，得知灾难即将来临，所以早早地逃之夭夭。而人类并不是没有这样的能力，而是随着科技的发展，人类因为依赖而舍弃了这样的能力。

这是发生在印度洋海啸时候的一个真实的事情，斯里兰卡因海啸失去了

3万多人命，然而，在距离海岸3千米远的亚拉国家公园，这座斯里兰卡最大的野生动物保护区里，却没有发现一具动物的尸体。海啸过后，公园已经是一片狼藉，可是动物们却都平安无恙，这是一个生命的奇迹，还是动物们有强烈的第六感呢？

不仅仅是在海啸前，火山和地震等灾难来临前，动物们都会迁往高处或者安全地带，尤其是鸟类，对灾难的敏感性非常强。这些低级动物都能躲过劫难，而生为世界主宰的人类却死伤无数，在灾难来临前毫无察觉！

面对这种"本能"，在努力改变着世界的人类，在努力扩展生存空间的人类，想凌驾于万物之上的人类，却丧失了感知灾难的本能。

事实证明，我们的祖先——古人类的许多本能随着现代物质和科学手段的发展而丧失。

我国《尚书》中记载了这样一个故事：周武王在征服商纣王的两年后，患了重病。其弟周公姬旦曾经筑坛祷告，愿以身代，然后将祝文封入金縢箱内。结果武王病愈，周公也未死。数年后，武王驾崩，周公的兄弟管叔等人散布周公的流言蜚语，迫使周公不得不前往东部。那一年秋天，收获在即，可忽然起了大风雷电，庄稼在狂风中倒伏，

大树被连根拔起，民众惊恐万分。周成王和大臣们皆穿起礼服准备行卜礼，按惯例先开启金滕箱，结果发现了周公愿代武王以死的祝文。至此，成王深感自责，于是决定前往东部迎回周公。成王的御驾刚出到城门外，天下起了雨，奇迹也因此出现了，风向反转了过来，已经被刮倒了的庄稼又重新立起，这一年仍然是大丰收年。

抛开这其中的神话因素，我们也不难看出这其中蕴含的深刻道理。当人能顺"天意"而行时，天授予他"神力"。人逆"天意"而行时，天将降罪于他使其得到惩罚。例如，在尧的年代里，洪水经常泛滥。鲧在四方诸侯的推荐下担任了治水的职务。可惜鲧违背了水往下流动的本性，采用堵塞的办法，不行。后来舜命鲧的儿子大禹治水，由于大禹能够顺应自然之理，顺应水的流动规律、采用疏导的方式治水，他不但把水治理得"服服帖帖"，还把国家管理得井然有序。

科技发展虽然是人类进步的必然，但我们也不能因此而沾沾自喜，忽视了自然规律和生态平衡的重要性，更不能任人类对天地自然的灵性在今天物欲横流中消失殆尽。